创意饼干装饰

【美】奥特姆·卡朋特　著
于涛　译

中国纺织出版社

图书在版编目（CIP）数据

创意饼干装饰 /（美）奥特姆·卡朋特著；于涛译
. --北京：中国纺织出版社，2019.3
书名原文：The Complete Photo Guide to Cookie Decorating
ISBN 978-7-5180-4883-0

I. ①创… II. ①奥… ②于… III. ①饼干—制作
IV. ① TS213.22

中国版本图书馆CIP数据核字（2018）第067319号

原文书名：The Complete Photo Guide to Cookie Decorating
原作者名：Autumn Carpenter

著作权合同登记号：图字：01-2014-2986

责任编辑：舒文慧　　特约编辑：翟丽霞
责任校对：楼旭红　　责任印制：王艳丽　　装帧设计：水长流文化

中国纺织出版社出版发行
地址：北京市朝阳区百子湾东里A407号楼　邮政编码：100124
销售电话：010－67004422　传真：010－87155801
http: // www.c-textilep.com
E-mail: faxing@c-textilep. com
中国纺织出版社天猫旗舰店
官方微博http: // weibo.com/2119887771
北京华联印刷有限公司印刷　各地新华书店经销
2019年3月第1版第1次印刷
开本：889×1194　1/16　印张：12
字数：147千字　定价：98.00元

凡购本书，如有缺页、倒页、脱页，由本社图书营销中心调换

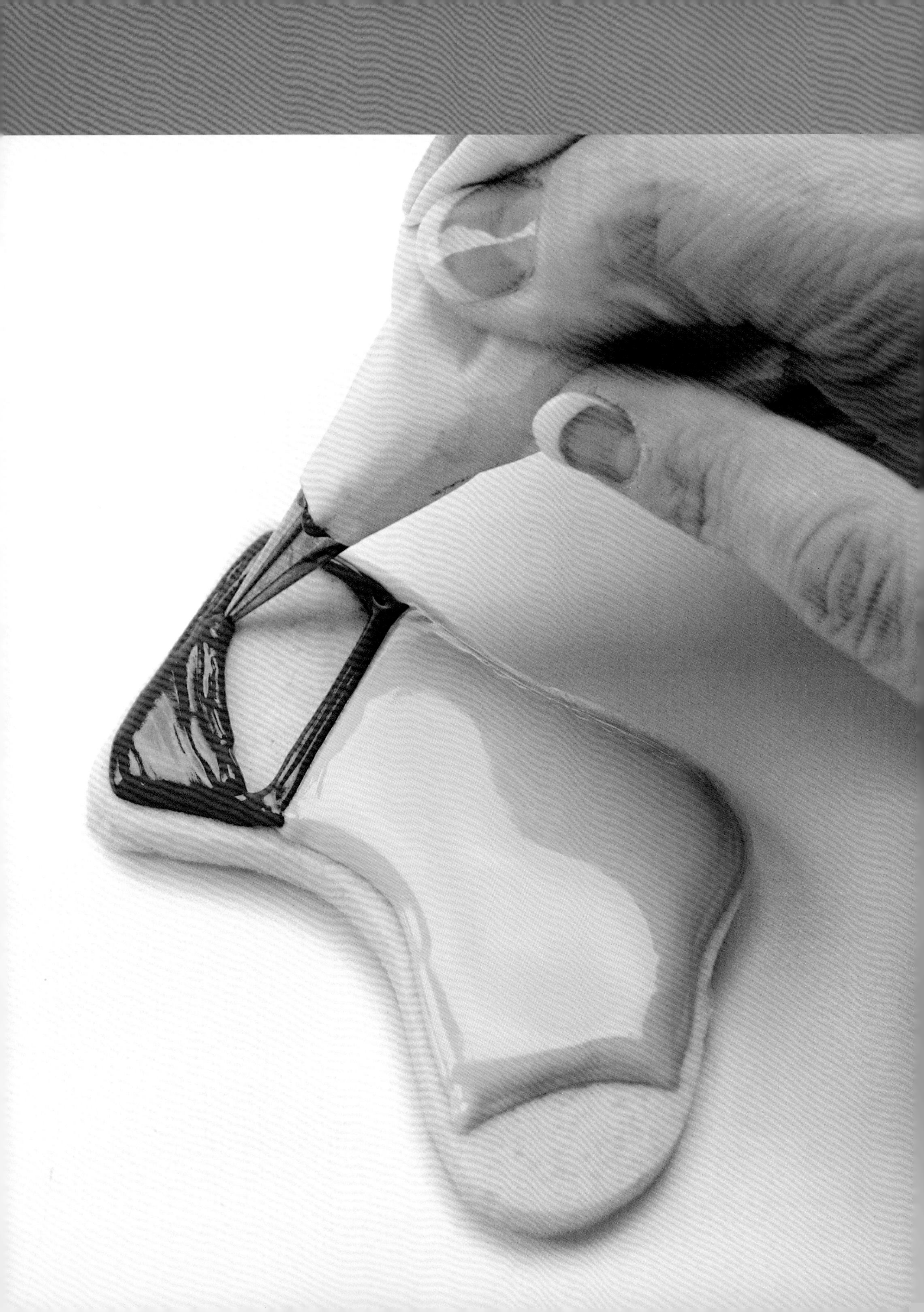

序言

饼干装饰已经在甜品领域成为一种非常流行的艺术形式。手工爱好者与烘焙爱好者不断地在寻找各种精美的装饰方法。一块普普通通的饼干在几分钟之内就能变成一件多彩的可食用艺术品。如今，装饰饼干已经不止用于节日庆祝中，还是举行宴会、馈赠亲友等特殊场合中必不可少的元素。

本书对饼干装饰做了一个系统综合的指导。如果你从未接触过饼干装饰，可以利用本书选择合适的工具。如果你以前有过饼干装饰的经验，则可以利用本书复习你之前已经学过的知识，并发现很多新的小技巧。

本书介绍了很多种糖衣和工具，并做了深入的阐述。里面的介绍都有详细的步骤，易于上手，还有多种图集，汇聚了许多流行的样式，帮助你激发饼干装饰的灵感。

在着手进行饼干装饰之前，先花一点时间仔细阅读书中关于烘焙饼干坯的部分。一个好的饼干坯是进行装饰的基础，且不管是否用糖衣装饰，它都应该是美味的。依照书中对揉制面团跟塑性的步骤，可以确保每次都能烘焙出完美的饼干坯。书中还介绍了如何制作花束型饼干。

饼干糖衣离不开各种工具和可食用的小装饰。书中介绍了多种不同的糖衣，每一种都有其独特的特性。每一章节都有分步介绍，并配有步骤图，帮助你更快学习。最经典的糖衣材料是流质糖霜，在掌握了流质糖霜的基本特性之后，紧接着介绍了如何用它制作各种图案，如何进行染色和如何用流质糖霜在饼干上画画。如果你的饼干装饰失败了，书中还有专门帮你解决问题的部分，帮你找出问题所在。翻糖膏是一种特别的糖衣，它的质地有点像橡皮泥，可以帮你完成特定的饼干装饰。

奶油糖霜则是一种很甜的糖衣，可以在饼干上做出各种尺寸的不同图案。蛋液釉则可以给饼干上一层淡淡的光泽。巧克力糖衣则是另一种美味的糖衣。利用巧克力转印纸，可以给巧克力糖衣增添很多有趣的花纹。

各种装饰技巧可以帮助你提升饼干装饰水平。学着使用食用闪粉、糖粉给饼干添加金属色和光泽质感。其他技巧还包括絮状装饰、打孔装饰、刷子效果装饰、翻糖细节装饰、镂空筛网等。最后还介绍了如何进行花束饼干包装，有很多很棒的包装点子。

对那些害怕进行饼干装饰的读者，我想说，不要恐惧，装饰饼干并没有你想的那么难！饼干装饰是一种艺术，很多技巧需要你不断练习不断实践，最后才能熟练完美地运用，不管是孩子还是成年人，都能够学会这门艺术。

我希望不管你是一名初学者还是想要进行进阶的学习，你都能在这本书提供的技巧中找到乐趣，创作出属于你自己的漂亮的饼干设计。

目录

如何烤制一块饼干

想要做出漂亮的装饰饼干，首先要烤出一个完美的饼干坯，也就是最常见的无装饰饼干。在这一章，我们会一起研究制作饼干的基本方法和一些小技巧，这些方法和技巧将会帮助你烤出厚薄均匀、软硬适中，口感和味道极佳的饼干坯。当然啦，做出的饼干坯既可作为成品，也可作为制作装饰饼干的基础。要做到具有上述特点的饼干，我们要用到专门的烘烤工具、制作面团的配方和专业的烘烤说明，这些信息都可以在本章中找到。另外，在本章我们还可以学习如何做出具有完美切边和光滑表面的饼干坯，如何在小木棒上制作饼干装饰品，还有如何做出带有印花和精细形状的饼干面团。依照这本书中的配方制作的饼干，含糖量都不会很高，因此不会太甜。第二部分的糖霜饼干种类会作为这一部分的补充，提供更多制作不同种类糖霜装饰饼干的方法。

烘焙工具

下列工具都是非常实用的饼干烘焙工具。其中你必须准备的工具有：烤盘、擀面杖、硅胶垫、冷却架、各种切模和模具。其他建议配备的工具，如擀面准度条和面粉筛，虽然不是必须的，但却会使擀面和切模过程变得非常有效率。

下面我们来认识一下各种工具。

烤盘

烤盘有多种材质的表面、风格和尺寸。第一次可以选择一个大号的银色单边或无边烤盘，如下图。但是一定要确保烤盘不要超过你烤箱的大小，边长略小于烤箱边长2.5厘米最为适宜，这样可以保证烤箱内环境形成均匀的热循环。无边或者单边的烤盘使用起来比较方便，更易于使用刮刀将尚未烤制的饼干放到烤盘的更靠边的地方。为什么选择银色的烤盘，是因为深色涂层的烤盘会在烘焙时使饼干底部较快的变成棕色。不要在烤盘上抹油，除非配方中有特别说明。太多的油分容易使饼干面团坍塌。用油纸或者硅胶垫可以避免饼干面团粘在烤盘上。所以请大家随时准备两三张油纸在手边，确保我们烘烤的时候更有效率。每烤好一批饼干请给予充分的时间放凉，如果把面团放在热的饼干烤盘中会造成面团塌陷，烤出来的饼干当然就会不好看啦。

擀面杖

时下流行两种款式的擀面杖，一种是传统的带柄擀面杖，另一种是烘焙专用的无柄擀面杖。擀面杖有的会带有滚珠轴承（下图中的圆环），可以减轻擀面时的力度。作者更倾向于使用烘焙专用的擀面杖，因为擀面时全部的重量被均匀地分布到整个擀面杖上，而不是分布到手柄上，会比较省力。如果被分布到手柄上会很容易导致手掌和手腕的疲劳。

建议选取一个足够宽的擀面杖，这样可以更方便地擀出较大的面团。如果选择带柄擀面杖，短筒擀面杖会比较容易操作，但擀压同样的面团需要滚动的次数就越多，当然会更累。

擀面杖可以由很多不同的材质制成，木制的或者硅胶的较为普遍。作者比较推荐硅胶制擀面杖，因为硅胶表面是不粘的。木制的擀面杖市面上有更多的型号。

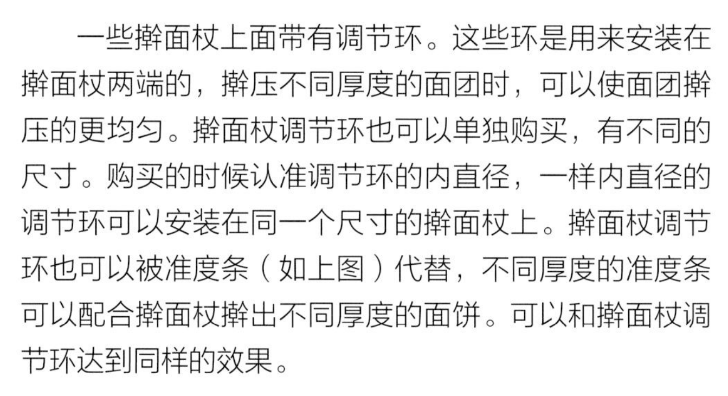

一些擀面杖上面带有调节环。这些环是用来安装在擀面杖两端的，擀压不同厚度的面团时，可以使面团擀压的更均匀。擀面杖调节环也可以单独购买，有不同的尺寸。购买的时候认准调节环的内直径，一样内直径的调节环可以安装在同一个尺寸的擀面杖上。擀面杖调节环也可以被准度条（如上图）代替，不同厚度的准度条可以配合擀面杖擀出不同厚度的面饼。可以和擀面杖调节环达到同样的效果。

准度条

为了做出厚薄均匀的饼干，必须先要制作擀压均匀的面饼。建议购买准度条的时候成套购买，每套包含有不同的厚度。把面团放在两个相同厚度的准度条之间，垫着准度条用擀面杖擀压面团，就得到了一个厚度均匀的面饼。如上面所说的，准度条和擀面杖调节环都可以用来制作厚度均匀的面饼，是可以互换的工具。

面粉筛

面粉筛可以将适量的面粉均匀地撒在面板或者面团上。同时，面粉筛可以筛除大颗粒面粉和杂质，得到非常均匀细致的面粉。

硅胶垫和油纸

为防止饼干面团变硬，擀面饼的时候要尽量少的使用面粉。我们通常使用油纸作为工作案面，在上面擀面，因为油纸有不粘的特性。我们也可以使用硅胶垫，但是需要撒少许面粉以防面团发黏。

硅胶垫和油纸也可以在烘焙饼干时使用。如果使用硅胶垫和油纸来烤制饼干，烤好的饼干就不会粘在烤盘上。所以，像前面说的那样，再提醒一次，请大家准备两三张硅胶垫或者油纸备用，确保烘烤的时候更有效率。硅胶垫和油纸从热烤盘中取出后容易快速冷却。在油纸或硅胶垫完全冷却后，可以用来烘烤下一批饼干。也就是说，硅胶垫和油纸是可以重复使用的。

用擀面时使用的油纸或硅胶垫垫在烤盘上烘烤饼干，只需要清理掉多余的面团，留下切割好的饼干面团就好了。然后将油纸或者硅胶垫连同切好的饼干面饼移到烤盘里，就可以开始烤制了。

硅胶垫有许多不同的尺寸。量好你的烤盘大小，选择一个大小相同或略小的硅胶垫。油纸通常都是一卷一卷的包装或者是预先裁好的尺寸。油纸是可以重复使用的，每次烤完检查一下油纸是否可以再使用，不需要每烤一盘就换一张，但是也最好不要过度使用，一天用一张就比较合适，这个视情况而定。

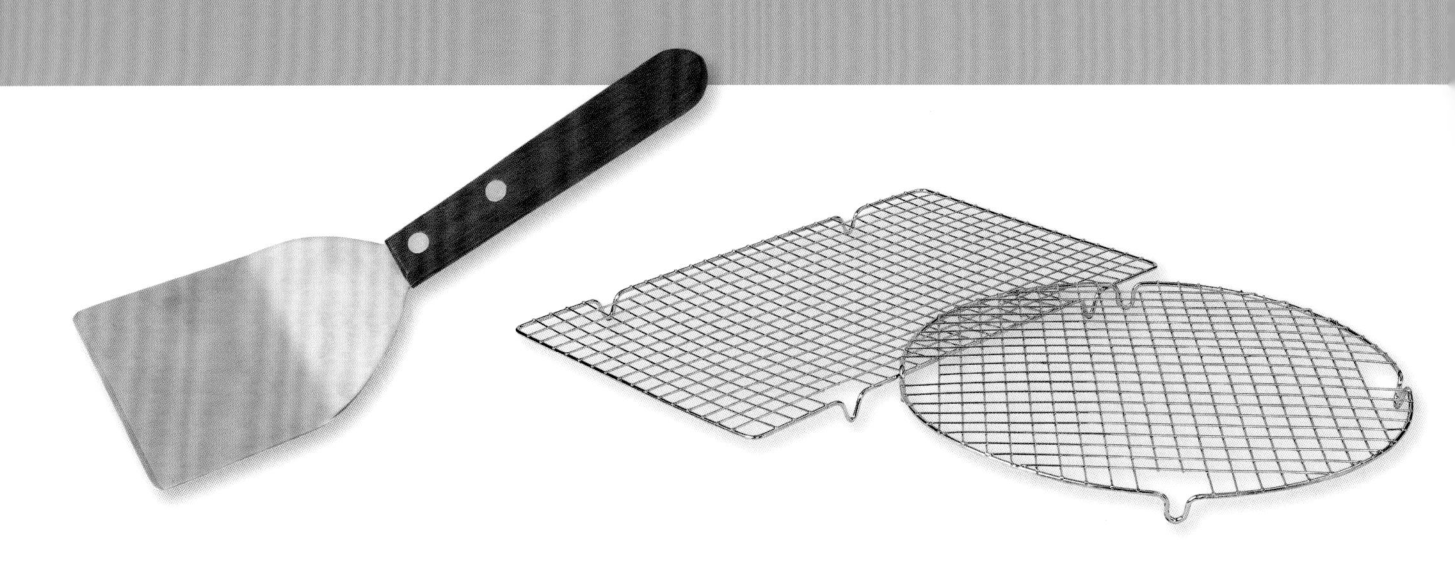

烘焙铲

烘焙铲是如上图宽边的比较薄的金属铲板，可用于从工作台将切好的未烤制的饼干面饼移动到饼干烤架上。也可以将烤好的饼干移动到冷却架上。当从烤架移动饼干到冷却架上时，饼干这时候还是软的，使用带有宽边的烘焙铲整个铲起饼干，而不是仅仅拖着饼干的一部分，可以防止饼干在移动的过程中破掉。

冷却架

把饼干放在冷却架上放凉是非常重要的一个步骤。这样空气可以在各个方向（特别是饼干底部）流通并充分冷却。如果在操作台上冷却饼干，可能会导致饼干底部因为不透气而潮湿。选择一个紧密的网格状的冷却架可以防止小号饼干从网格中滑落。当空间有限时可以把冷却架堆放起来，这样可以节省很多空间。

饼干切模

现在市面上的饼干切模种类繁多，你甚至可以找到可用于任何一个主题的各种材质的饼干切模。最受欢迎且主流的是铜、镀锡板、塑料、带有塑料涂层的金属或者不锈钢的。可以不依据材质来选择饼干切模，而是首先根据大小和形状来选择。马口铁切模就比较受欢迎，因为这类材质比较廉价。镀锡板材质的切模比铜的或不锈钢的更容易弯曲，大多数情况下可以弯折回到原来的形状。由于马口铁材质的切模更为灵活，可以变形，如果买不到现成的模具，可以根据需要自己做一个。例如，一个圆形切模可以变形成为一个复活节彩蛋的形状。另一方面，铜和不锈钢材质的切模更为耐用。铜材质的切模较为常见，它不如马口铁切模那样锋利。护理和清洗金属切模时务必要清洗彻底，清洗后的干燥也非常重要。如果清洗不干净，或者干燥不彻底，可能会造成金属生锈甚至变色。塑料材质的切模或塑料涂层的切模就不容易生锈，但是这类切模往往没有其他金属切模锋利。如果跟小孩子一起进行烘焙，使用塑料材质的切模相对比较安全。如果没有你要的形状，可以用这些可以塑造的材质，如马口铁切模来创造出你自己的设计。

削皮刀

削皮刀也是必备工具之一，它是用来去除切好的饼干坯周边小面团的工具，或者也可以用来做精细的装饰或去除一些下脚料和毛边。

饼干压花模具和印章

精致的饼干不一定非要用翻糖或糖霜做装饰。仅仅用饼干压花模具或饼干印章就同样可以做出精致的饼干。手工雕刻的木制饼干模具可能会比较昂贵，但是却可以压制出精致的纹路。稍微便宜些的硬质糖果模具也可以使用，但这类模具应该具有一样的厚度。

饼干的印花模具可以把球状的饼干面团压成一个圆形的有印花或浮雕的饼干。不管是使用饼干压花模具还是浮雕印花工具，制作这类饼干的饼干面团在烘焙的时候是不会再发酵的，会保持它原有的形状。本书中所有的配方，都可以用来制作压模和印花饼干。

饼干配方

本书中所介绍的配方都是用来制作硬质饼干的，而且都是可以用糖霜装饰的饼干。每一个配方中饼干的部分都不会很甜（糖的含量比较少），因为考虑到后期要加入糖霜做装饰，所以糖霜和饼干加在一起的甜度要适中。另外，这一章节里的饼干都是烘烤过后会保持原来形状的配方，饼干本身是不会变形的，也就是不会发酵的配方。

如果使用本书以外的配方，一定要除去所有的膨松剂配料，以防止饼干烘焙后变大。烤好的饼干，无论有没有糖衣，请务必在7～10天内食用。当搅拌面团时，使用带有和面板的搅拌器比较方便，但并不是所有的搅拌都可以用电动搅拌器替代。饼干面团的配方具有不同的工作特性。一些饼干面团擀压或压模之前需要在冰箱中冷藏，还有一些是需要擀压完之后马上使用的。如果面团需要冷藏，将面团做成3.8厘米左右厚的饼状可以减少冷藏时间。冷藏前需要包好。每个配方都是按照尺寸为7.6~10.2厘米的饼干设计的。

小贴士

- 使用高质量的原料。天然黄油比人造黄油好。低脂肪成分的原料做出的饼干对食用者来说更健康，味道和烘焙的特性也更能互相融合。另外使用黄油和奶油奶酪时，先将其放置30分钟到1小时回温到室温，然后再混合。
- 要确保准确测量混合面团的重量。面粉不足会使面团很难擀压而且容易粘到擀面杖上；太多的面粉又会使面团变硬变干。在称量面粉时，先用勺将面粉舀入量杯，若产生多余的面粉，则使用刀或刮铲刮掉多余的面粉。
- 如果烤好的饼干有裂缝，用蛋白糖霜修饰，糖霜会盖住裂缝。

黄油糖饼

几年时间里，作者尝试了成千上万种黄油糖饼配方，最终万里挑一选中了这个配方。这个配方很简单，仅需要简单的混合，完美的擀压和冷却，就可以轻松做出好吃的黄油糖饼。其中很重要的一个步骤是用冷冻面团的低温来确保奶油奶酪和黄油的紧实度。如果这个面团擀好后立即混入奶油奶酪和黄油，会需要加入额外的面粉来确保混合均匀，这样凭空增加了面粉的含量，会使面团变硬。我们还可以更换香精的味道改变成其他口味。作者一般会选择橘子和柠檬的味道。当然，我们还可以添加相同味道的香精在作为装饰的糖霜中。

黄油糖饼配方

- 225克无盐黄油，软化
- 85克奶油奶酪，软化
- 170克糖
- 1个鸡蛋
- 5毫升香草精
- 330克多用途面粉

1 将黄油、奶油奶酪用电动打蛋器中速搅打2～3分钟，或打到黄油和奶油奶酪混合。

2 加入糖，继续用中速搅打至混合物混合均匀且膨松，加入香草精。

3 加入鸡蛋，低速搅拌至充分混合。

4 分3次加入面粉，110g克一次。每次加入后刮匀，直到完全混合，不要过度搅拌，否则面团会变硬。

5 将面团分成2等份，分别压扁，约3.8厘米厚，包保鲜膜并冷藏至少2小时，或直至变硬。

6 擀压切割饼干（如18页）。烘烤温度设定为190℃，烘烤9~11分钟或直到边缘变成浅棕色。

成品：36片7.6~10.2厘米的饼干

巧克力饼干（待切模）

这些美味的巧克力饼干的味道就像布朗尼。选用的可可粉的类型不同，会更改饼干的风味和颜色。荷兰可可粉往往有更丰富的颜色和味道。把香草味更换成薄荷或摩卡咖啡味也是个不错的选择。面团混合后要立即使用，这种面团往往擀压时更易碎，并且这样的面饼很容易烘烤过头。我们很难知道什么时候这些饼干烘烤完成，因为饼干边缘本来就是棕色。如果它们被烤焦，有的时候也看不出，不过会变得很脆。

巧克力饼干配方

- 225克黄油，软化
- 340克糖
- 2个鸡蛋
- 10毫升香草精
- 330克多用途面粉
- 75克无糖可可粉
- 2.5毫升盐

1 将面粉、可可粉和盐放在大碗中混合均匀。

2 将奶油和糖用电动打蛋器中速搅打2~3分钟或直到完全混合变膨松。

3 加入鸡蛋和香草香精，搅拌直到彻底混合。

4 分3次加入面粉混合物，110克/次。每次加入后刮匀，直到完全混合。不要过分搅拌，否则面团会变硬。

5 将面团分成2等份，分别压扁，约3.8厘米厚，无须放入冰箱，立即使用面团，或者冷藏直到准备切割或擀压。

6 用175℃烘烤饼干。烘烤8~10分钟或直到按压无流动感时停止。

成品：36片7.6~10.2厘米饼干

小贴士

当擀压时面团出现裂纹怎么办？这可能是因为温度太低导致的。让面团恢复到室温再试试。擀压的时候面团黏手怎么办？这可能是因为冷藏时间不够或者温度恢复到室温过久导致的，总之是温度过高的原因。当面团中混合太多的奶酪或黄油也会导致面团黏手。把面团放在冰箱冷藏1~2小时，如果面团仍然黏手，在工作台上和面团顶部撒一些面粉，可以在一定程度上防止面团粘住工作台或是切模。

姜饼

姜饼是一种脆脆的饼干。下面这个配方做出的姜饼易于成形，可以用于做其他使用姜饼的装饰。擀压好的面团应立即使用，如果面团不在几小时内快速使用的话，饼干会变扭曲。擀压过度的面团也可能产生扭曲的饼干。擀压面团时无须重复擀压，几次就够了。

姜饼饼干配方

- 55克黄油，软化
- 100克红糖
- 120毫升糖蜜
- 330克面粉，过筛
- 5毫升肉桂粉
- 5毫升姜粉
- 1.5毫升肉豆蔻粉
- 80毫升水

1 将110克面粉和肉桂粉、姜粉、肉豆蔻粉倒入大碗中混合均匀。

2 黄油和红糖混合，中速搅打2~3分钟至奶油状，或直到混合物膨松，倒入糖蜜中继续搅拌。

3 拌入面粉和香料，混合均匀。交替加入剩下的220克面粉和80毫升水。最后一杯面粉要慢慢加入，一下加入所有的面粉可能会导致面团很硬。加入每一杯面粉后都要刮匀，直到完全混合。不要过度搅拌，面团会变硬。

4 用175℃烘烤8~10分钟或直到按压无流动感时完成。

成品：40片7.6~10.2厘米饼干

完美小骑士饼干

完美小骑士饼干至少可以追溯到公元 17 世纪，它是一种蛋液饼干。这种密度像蛋糕一样的饼干形状非常漂亮。传统的小骑士饼干是用木雕成形的切模制成的。虽然这些饼干可以用烘焙粉制成，但是加入面包发酵粉可以做出更柔软的饼干。茴香味的小骑士饼干是最传统的口味，但我们也可做成其他口味。一位名为 Connie Meisin 克 er 的天才甜品艺术家为本章提供了配方和制作方法。Connie 的公司，名为 House on the Hill（www.houseonthehill.net）还提供了几十种复杂的木制模具以供出售，同时还有相应的提示和配方也可以在这个网站上找到。

小骑士曲奇饼干配方

- 2.5克酵母
- 30毫升牛奶
- 6个室温下的大鸡蛋
- 680克糖粉
- 115克无盐黄油，软化，但不要融化
- 2.5毫升盐
- 2.5毫升茴香香精（如果用水果味的香精，用15毫升）
- 910克过筛的面粉
- 磨碎的橘子或柠檬皮，可加可不加（加强传统的茴香味道或柑橘味）
- 面粉，备用

1 将酵母溶解在牛奶中，静置一边。打发蛋液直到变成柠檬色（10~20分钟），慢慢加入糖粉软化的黄油。添加酵母和牛奶混合物、盐、茴香香精或其他调味剂和柠檬皮或橙皮，慢慢加入过筛的面粉和成硬面团。

2 将面团放在撒好干面粉的面板上，撒好面粉的面板能形成一个不粘的工作台。

3 面团擀成约1厘米厚的片（深模具需要更厚的面团），用刀、切模或修剪轮沿着轮廓修剪周围多余的面团。模具上撒糖粉或面粉用模具压制，然后修剪下脚料。不要将所有面片一次性压制之后再切割，不然相邻的图案可能会变得扭曲。印好的饼干先干燥2～24小时后再放入烤箱（取决于你的计划、湿度等）。完全干燥可以更好地保存图案。

4 将饼干坯放在抹了油的烤盘或油纸上，用125~160℃烘烤10~15分钟，直到底部呈现金黄色，时间取决于饼干的大小。将烤好的饼干储存在密闭容器中或带拉链的保鲜袋中放入冰箱存放。

成品:：36片7.6~10.2厘米的饼干

饼干面团的储存

饼干面团最多可以在冰箱里冷藏储存 1 周。混合好的饼干面团，压扁成一个约 4 厘米厚的圆饼，用保鲜膜裹紧，放在冰箱里。待面团温度恢复到室温后再进行擀压。本书中所有的饼干面团配方都可以冷冻，生面团可以在冰箱里冷冻保存 3 个月。冷冻时，包两层保鲜膜再包一层锡纸。当准备解冻冷冻面团时，先放在冰箱的冷藏部分回温几个小时，让面团回温到室温再擀压或成形。

保质期

一般来说，普通饼干比多数烘焙食品的保存时间更长。作者习惯在 7~10 天内吃完，但大多数普通烘焙饼干可以存放 3 周。本书中将要介绍的糖霜装饰饼干可以在室温下保持几个星期。糖霜比饼干保质期长，往往由饼干的保质期决定整个饼干放置在货架上的寿命也就是保质期。冷藏的糖霜装饰饼干可能导致糖霜变色或产生斑点。最好是根据后面我们将会讲到的方法储存每种不同糖霜的装饰饼干。

冷藏饼干

烘焙好的饼干冷冻保存可以保持它的外观，冷藏保存的不恰当容易出现变色或斑点。可以用糖霜的不同来确定该种装饰饼干是否适合冷冻。是否适合冷藏应当参照具体的储存方法。

冷冻未经装饰的饼干，要先待烤好的饼干完全冷却。把饼干平铺在盒子的底层，再放一张油纸，一层一层地叠加，直到饼干到达盒子的顶部边缘。密封容器，紧紧地用两三层保鲜膜包住包装盒，再包一层锡纸，将密封的盒子放入冰箱中。在你计划装饰饼干前几个小时拿出冷冻盒，取出里面的冷冻饼干，不要拆保鲜膜或锡纸，恢复到室温。一旦饼干解冻到室温，就可以开始装饰了。

擀压饼干面团 & 切割饼干形状

想要烤出预想厚度的饼干，借助准度条或者带调节环的擀面杖是个不错的办法。市面上有一些擀面杖配带有调节环，当然调节环也可以单独买到。购买之前需要先量好擀面杖的直径，购买对应直径大小的调节环才能安装到合适的擀面杖上。不同品牌的擀面杖有多种直径尺寸供挑选，所以不用担心买不到配套的擀面杖和调节环。另外，选择何种尺寸的准度条和调节环还取决于制作饼干使用哪种糖霜做装饰。较厚重的糖霜装饰饼干，如奶油糖霜饼干，这类饼干厚度至少要达到6毫米，如果饼干太薄而奶油糖霜分量太多，糖霜含量会超过饼干和糖霜的最佳比例，导致糖霜的味道盖过饼干的味道，整个饼干就会太甜。薄糖霜装饰饼干，如流质糖霜饼干的厚度可以控制在4毫米左右。

下面介绍两种擀面和切模的方法。要达到比较好的效果，在擀压之前，面团要保持比较低的温度，但也不可以冻得太硬，否则会出现擀压不动的情况。将面团从冰箱中取出后，在室温下放置大约 1 小时，使面团恢复至适合擀压的温度。通常 1 小时的时间就足够使面团达到适合的温度了。

第一种方法，我们在铺好硅胶垫或油纸的工作台上擀面。擀完后，直接在工作台上进行切模，然后将边脚料除去。切好的面饼放在垫上不要移动。之后将硅胶垫或油纸连同切好的饼干面坯直接放到烤架上开始烤制。这种方法的好处是，饼干自切模过后没有经过移动，烤好后可以很大程度上保持原有的形状，避免了因为移动面坯而导致的变形。在制作字母饼干和几何图形的饼干时，保持饼干原有的形状非常重要，因为如果这些图形变形了，就完全不是原有的形状了，总之很难看。同样，制作翻糖装饰饼干，保持面坯原有的形状也是非常重要的。因为烤好的饼干与翻糖使用的是同样的切割模具，如果饼干出现变形，就很难使翻糖皮正好覆盖在饼干上。这种方法也有缺点，会剩下比较多的边脚料。为了不浪费原料，我们通常把剩余边脚料揉到一起重新擀压，这样会造成面团的过度擀压，面团会变硬，做出的饼干可能会开裂。还有一个缺点是用这种方法烤出的饼干量相比其他办法会少一些。

第二种方法，我们将冷藏的饼干面团放置在不粘的工作台上，比如用硅胶垫或油纸铺好的工作台，并在上面撒少量面粉。擀好面团之后立刻进行切模，并一个个转移到铺好硅胶垫或油纸的烤架上，就可以开始烤制了。这种方法的优点是，可以一次烘焙多个饼干，并且面团比较不容易被过度擀压。缺点是在移动饼干面坯的过程中容易使面坯变形。而且饼干面坯表面是撒了面粉的，这部分面粉会被面团吸收，这样可能会导致烤好的饼干口感比较硬，因为这相当于无形中加大了面粉的含量，而水分和其他成分的含量比例就相应的减少了。所以，如果选择使用这种方法，记得一定要尽量少地撒面粉。如果面团还是很黏，那不妨试试把面团放入冰箱冷藏一会儿再进行下一步吧。

方法一：擀压面饼&转移烤垫到烤架

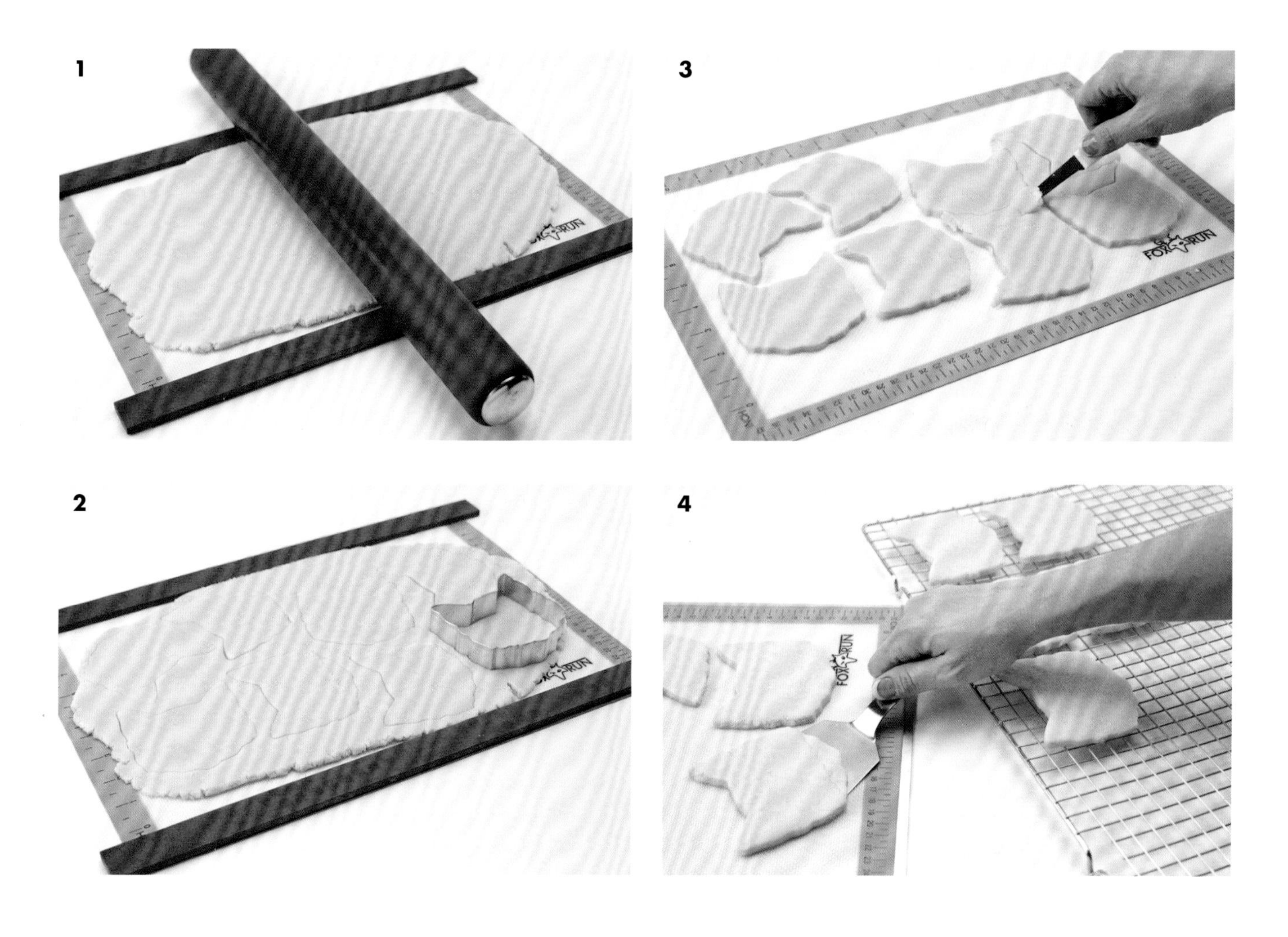

1 我们从冷冻面团开始。首先将面团放在铺好准度条的硅胶垫或油纸上。滚动擀面杖，使面团成为厚薄均匀的面饼状。

2 用饼干模把面饼尽可能多地切割成大约6毫米的面饼坯。本书中介绍的饼干坯可以很好的保持形状，所以切割的时候可以间隔小一些，这样可以尽可能多的切出饼干坯，记得一定要避免过多的擀压面饼以防止其变硬。

3 用铲刀移除下脚料。下脚料可以二次擀压，重复步骤1和2，切出更多的饼干面坯。

4 将硅胶垫或油纸连同切好的饼干面坯直接滑入烤架，根据说明进行烤制。烤好以后，在烤架上冷却3～4分钟。再用铲板轻轻地把微温的饼干（刚烤好还烫手的饼干不能立刻移动，先把饼干晾凉一段时间）移到冷却架上。刚烤好的饼干由于还没有完全冷却，质地又软又易碎，因此移动的时候要格外小心。等到完全冷却，就可以进行装饰了。

方法二：擀压面团 & 转移饼干坯到烤架

1 我们从冷冻面团开始。首先将面团放在铺好准度条的硅胶垫或油纸上。滚动擀面杖，使面团成为厚薄均匀的面饼状。硅胶垫相比油纸更容易粘住面团。为了避免面团粘手或者粘工作台，可以在工作台表面撒少许面粉。在这一步骤中要尽可能少的使用面粉，避免面团变硬。而如果面团很黏，在下一步切模和移动到烤架时都会比较困难，容易变形。

2 如图将烤垫平放在工作台旁。用饼干模切割擀压好的面饼，并把切好的饼干面坯一个个排列在烤垫上。切的时候间隔尽可能小一些。理想情况下，切好的面饼坯会自然地脱落，这样更易保持饼干的形状。如果没有自然脱落而是部分粘在饼干模里，这时把粘着饼干坯的饼干模放在烤盘的正上方，右手指从饼干坯的上方垂直向下轻推饼干坯，使其自然地落在烤盘上，如图2a。

如果前一步将面团从冰箱拿出并回温到室温，饼干坯就容易附着在切模上，这时，要尽快切割所有的饼干坯，注意一点，尽可能减少两个饼干坯之间的间隔。切好后，用铲板将切好的饼干坯转移到铺着硅胶垫或油纸的烤架上，如图2b。如果切割时面团温度略高或变软，饼干坯可能会略有伸展或者变形。如果面团冷冻的很好，切割饼干坯这一步会非常容易。

1

2a

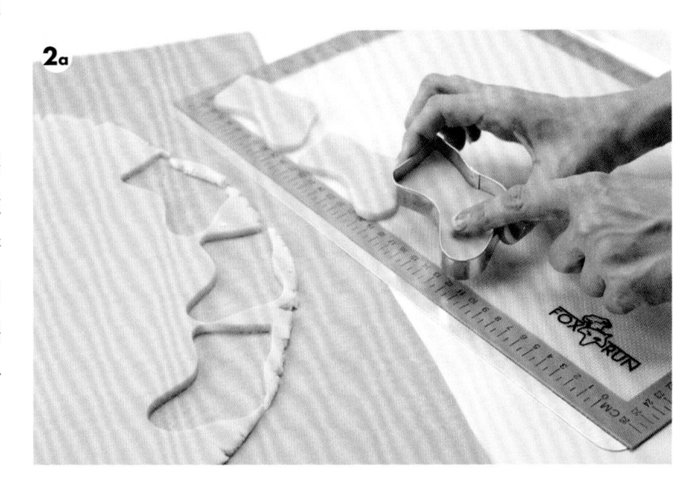

2b

3

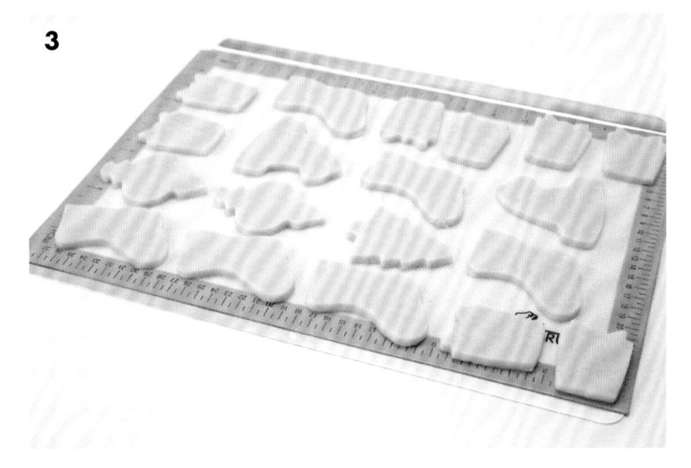

4

3 将放好饼干坯的烤垫放入烤箱，并根据配方进行烘烤。

4 烤好后冷却3~4分钟。然后用铲板将还未凉透的饼干小心地转移到冷却架上。刚烤好的饼干会比较易碎，因为这时候饼干温度还比较高，手指轻压感觉会有点软，这是没有问题的。移动饼干要多加注意。等饼干在冷却架上充分放凉，就可以进行下一步的装饰工作了。

小贴士

- 当用形状比较复杂或者薄的切模切割面坯时，面饼会不容易脱模，特别是那些有尖角或一些拐角的图形。如果脱模时一部分面坯还留在切模里，那么在切下一个饼干坯之前要先把切模蘸上一点点干面粉，如此会一定程度上缓解这个问题。
- 如果配方中要求冰冻面团，那么一定要冷冻足够的时间。不然擀压软面团会使你很抓狂。不但这样，面团还会很黏手，切饼干坯的时候也会很难脱模。如果冷冻之后面团仍然很黏，在工作台和面团上都撒上少许干面粉，黏手的现象会有所缓解。
- 过度擀压面团会使面团变硬，所以面团被擀压的次数越少越好。过度擀压的面团做出的饼干会比较干硬，甚至可能出现饼干变形或收缩的情况。在很多情况下，我都会把面团分成两部分。当一半面团切模完成后，将这一部分剩下的下脚料放在一边待用。然后以同样的步骤做另一半面团。同样将生成的下脚料放在一边。然后将这两部分下脚料合在一起，重新擀压切模，如此重复，直到剩下的下脚料已经不够擀压一个饼干坯就算完成了。虽然工序一样，但是质地最好的饼干当然是我们第一次成形的那部分。后面由下脚料制成的饼干由于比前面几批面团擀压次数多，会有变干变硬甚至变形收缩等情况发生。
- 这样切出的饼干坯形状大小一致，烘烤时受热均匀。当我们每次只烤一盘饼干的时候，将烤架放在整个烤箱的中间层效果是最好的。如果一次烤两盘，则将烤架平均分配在烤箱中的位置，并且烘烤4~5分钟后调换两盘的位置，达到均匀烘烤的目的。
- 烘烤完成后，尽快将饼干移动到冷却架上，以避免烤箱的余温将饼干烤糊。如果是垫着硅胶垫或者油纸进行烘烤，可以将整个硅胶垫或油纸转移到冷却架上。如果烤架没垫硅胶垫或油纸，又烘烤时间过长，会造成烤好的饼干粘在烤架上，不容易取出。

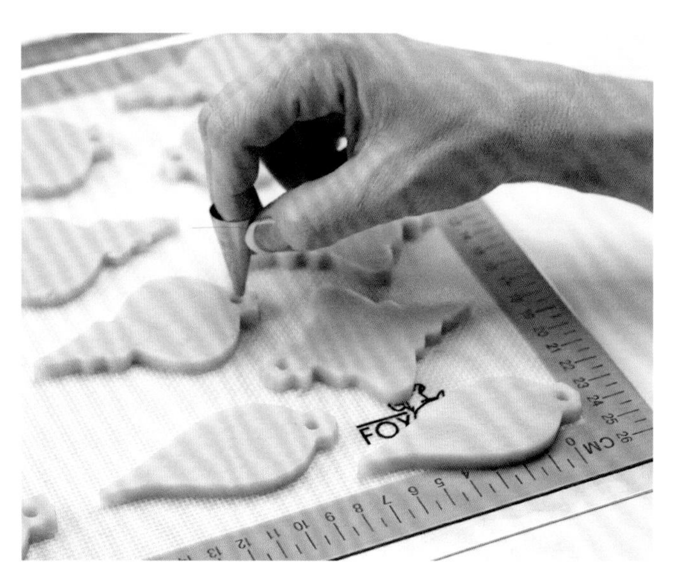

制作挂坠式饼干的悬挂洞

如果准备制作像挂坠似的饼干，那在烘烤之前切模之后就要在饼干坯上打洞了。选择配方时一定要挑选不会膨发的配方，否则在打好的悬挂洞会在烘烤时因面坯膨胀而闭合。本书中的所有配方都属于不膨发的类型，所以可以放心借鉴本书中的配方制作带有悬挂洞的饼干。另外还要注意避免烘烤不完全，否则烤好的饼干不够紧实，会使悬挂孔洞破裂，而无法悬挂。

小贴士

- 确定了要做花束式的饼干，那么在切饼干坯的时候就要确定在哪里插杆，确保留有足够的空间。也要考虑到烘烤时在烤盘上给杆留下空间。可能烤箱里并没有足够的空间留给杆，但是做的时候一定要给杆留下空间，一定要记得！
- 烘烤后插杆可能会变松，没有办法了么？错，在缝隙处抹一点蛋白糖霜或翻糖，要不就抹点巧克力，这样就可以了！

制作花束式饼干

花束式的饼干可以组合成各种各样的成形装饰品。当烘烤花束式的饼干时，要使用烘烤硬饼干的配方以避免烤好的饼干因为膨发而从棍上脱落。为了保证烤出紧实的饼干，一定要将烤好的饼干放在冷却架上完全冷却，以确保饼干底部不会潮湿变软。另外，很重要的一点是，一定要按照配方烘烤完全，不要提前将饼干拿出烤箱。如果饼干边缘因为过度烘烤有一点点变棕色也是可以接受的，对烘烤这类紧实类的饼干来说，起码比提前拿出烤箱导致没有烘烤完全要好得多。这本书里的配方都可以用来制作这类装饰性饼干。通常使用长的纸质杆来做花束式饼干的棒，烘烤时纸质杆可能会轻微变棕色，因此建议包装时使用亮色的彩带来装饰。如果选择塑料质地的杆，烘烤时可能会融化，所以并不推荐。另外还可以使用木质杆，缺点在于修剪成不同的长度的时候会略微困难，如在制作花束状装饰的时候，会有这种需要。

1 擀压饼干面团时使用P19或P20的方法之一。如果要插入杆，可以直接将杆压入饼干坯，插好杆之后将整个饼干连同杆一并排列在烤架上。

2 用大拇指和食指捏住杆的另一端，用你方便的那只手（即常用左手的人用左手，常用右手的人用右手）转动杆，插入切好的饼干坯。保持杆和饼干坯平行，尽量不要使杆翘起，不然烤出来会很难看哦。同时用另一只手的食指轻轻压住连接处，以防止杆插入饼干坯的时候插歪或者插破饼干坯。慢慢转动并往里推杆，推入3/4左右就差不多了。

饼干切模的形状

在市面上可以找到成千上万种饼干切模，在不同主题、不同场合使用。

用你的想象力

其实同样的切模可以装饰出不同的饼干，不信看右图！比如胡桃夹子饼干切模可以做出胡桃夹子的形状，也可以做成机器人，还可以做成科学怪人。

多种饼干切模组合起来可以形成很多种形状，比如右图。先用一个饼干切模切出原始形状，再用其他的饼干切模切掉不需要的部分，一个全新的形状就做好了。比如右图的猫头鹰，仅仅使用两个原始的圆形切模就可以做成，但是市面上一定买不到跟这个一模一样的猫头鹰切模。当然也许也会有，但毕竟不是常用图案，比较难买也会比较贵。这次制作胖猫头鹰切模用到的是一个鸡蛋形状的切模和一个略小的圆形切模。第一步先用鸡蛋形状的切模切出鸡蛋的形状，然后用这个略小的圆形切模切掉顶部的部分，形成猫头鹰的头部。这样一个圆圆胖胖的猫头鹰就出来啦。

用一组切模创造出定制化的形状

一套切模套装是非常省时省力的工具，别看它简单，但可以使用不同的组合切出非常多形状。如果你仅仅需要几个简单的形状，那不妨用硬卡纸自己做一个吧。

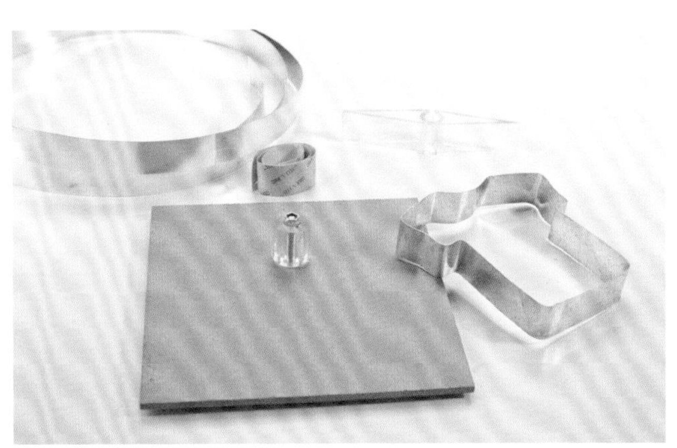

用硬卡纸制作饼干切模

如果你仅仅需要几个简单的形状，用硬卡纸自己制作一个，既方便又经济，是一个不错的方法。

1 画一个你想要制作的饼干坯的形状在硬卡纸上，并照这个形状剪下来。在硬卡纸背面喷一层烘焙油，再把喷有烘焙油的这一面放在擀好的面饼上。

2 用一个小型的比萨切割刀照着这个形状尽可能精确的照着切下来，尽量保持切边光滑。

3 用小刀切出尖角的部分。

4 移除多余的面团，用食指轻轻地把边角抹平。

1

2

3

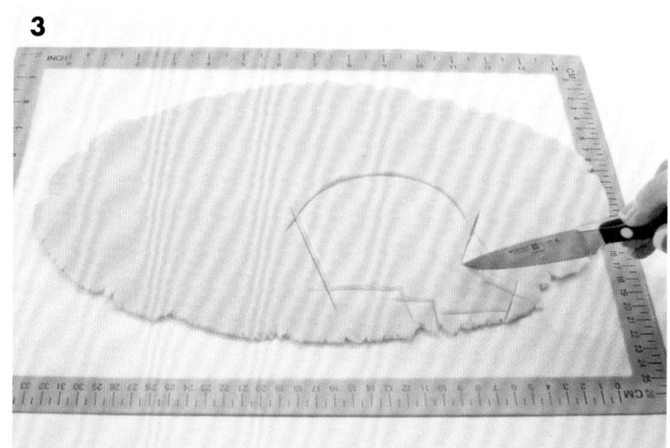

4

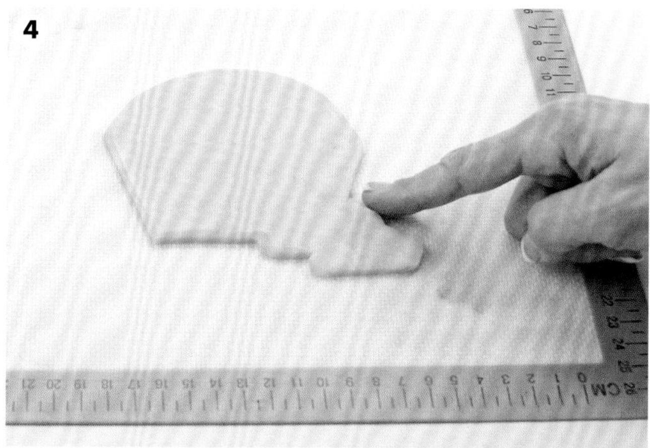

1

2

3

4

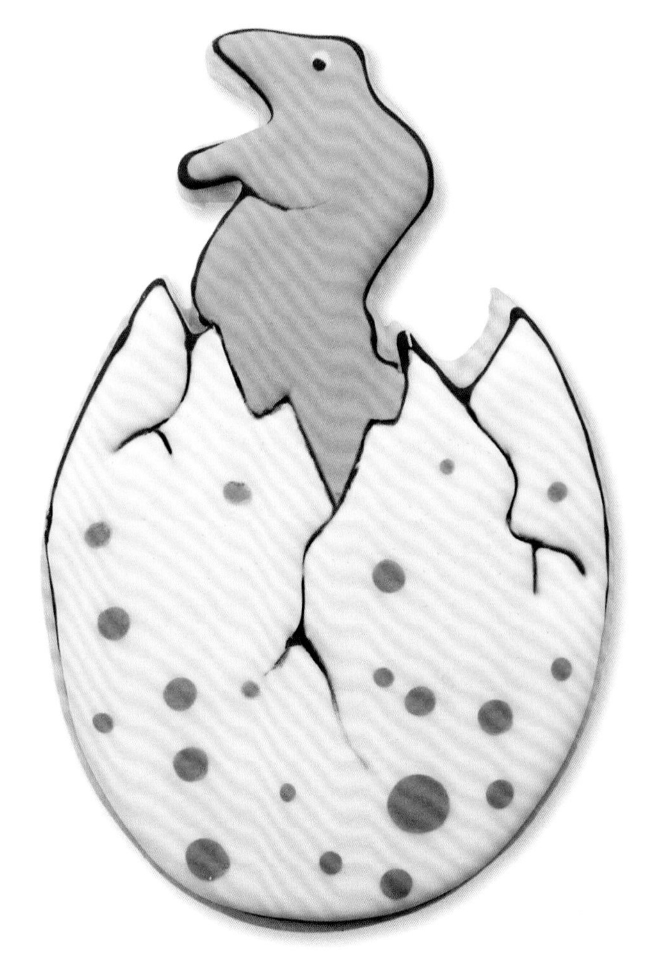

用几种不同的切模组合创造出新图形

你可以利用这个方法组合不同的形状或仅用一部分形状来创造出新的形状。

1 先用两个切模切出预备组合的形状。

2 再切除每一部分中不需要的部分，留下预备使用的部分。如图2要制作鸡蛋形状的切模，我们需要切去上面的1/4，留下需要与另一图案连接的部分，然后把要连接恐龙的另外一部分再单独切好。

3 把两部分对齐放好。

4 通过轻压把这两部分连接起来，用食指抹平不平的地方，完成！

使用迷你切模增加细节部分

利用迷你切模把传统的图形加入你的设计。右图这个古灵精怪的牛就是用制作姜饼姑娘的切模做成的。用一个圆形切模先切割出小牛头的形状，再用两个不同型号的水滴形切模做出小牛的牛角和耳朵，然后拼接在一起就可以了。

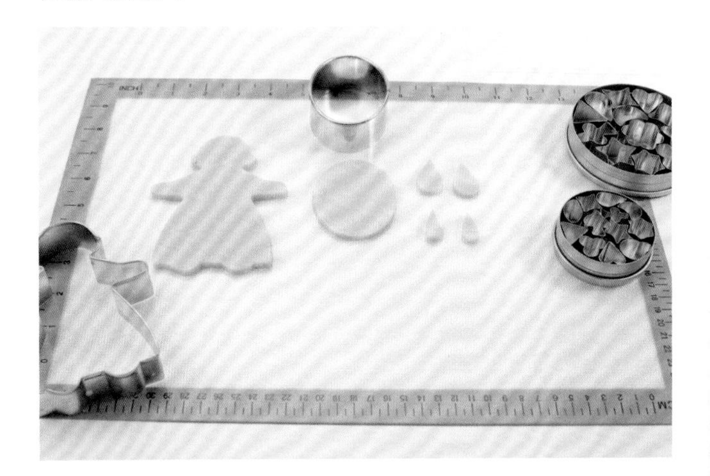

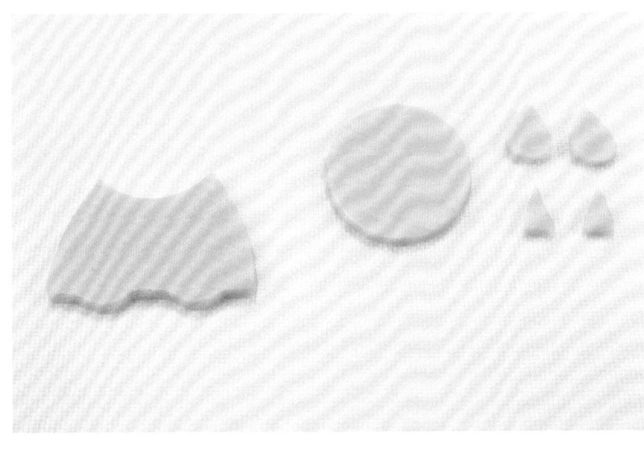

从背面加固组合饼干坯的各部分连接处

组合饼干坯烤好后非常易碎，特别是连接处。一旦饼干冷却下来，加一点翻糖或者糖霜在饼干背部，这样可以加固连接处，避免各部分分解掉下来。

如何将你的饼干切模归类

一定要提前将饼干切模归类放好，并像下图一样贴上标签，放在存储箱里。比如把迷你切模放在密封袋里或塑料盒里，因为它们比较小也较容易丢失，放在一起容易管理。其实还可以更规范的存储，比如做一张单子，把每个存储箱里的切模列一个表，以便后期查找。这个单子要包括切模的形状、大小等特点。更重要的是，下次再采购的时候看看已经有哪些了，有了就不要再买了。看到某个切模非常喜欢，结果买下来又发现其实早就有差不多的了，这种事真的经常发生在我们很多人身上。

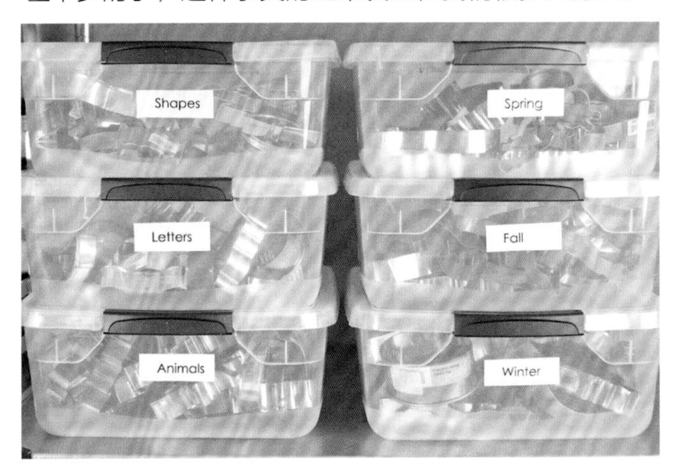

饼干压模和印章

制作带有三维立体图案的饼干可以用给饼干压模或者盖印章的方式。当然啦，这种饼干得用不会膨发的配方做，否则烘烤时饼干膨发就保持不了原有的印花和立体图案了。传统的压模饼干配方使用的是SPRINGERLE饼干配方，这是一种德国的传统饼干制作方法，先将饼干面团压印成形，再放在室温静置几个小时。这本书中所有的饼干制作配方都是可以用于制作压印饼干的，但从一些细节方面比起来，SPRINGERLE饼干配方还是更好的选择。

当选择压模的时候，一定要记得选择厚薄均匀的，如果整个饼干厚薄不均匀，饼干的边缘若较薄，烘烤的时候边缘就会比中心较厚的地方先烤熟，容易变成棕色。也就是说边缘烤熟了中心还没烤熟，或者等中心部位烤熟了边缘就已经烤焦了，这样的饼干是不合格的。在本章节中，我们使用的都是价格适中的硬质糖果压模、传统糖果压模，还有优质手工雕刻木制压模的复制品，价格都不会很高，相比之下比较容易获得。硬质糖果压模很适合和小朋友一起做烘焙时使用，因为它比起擀压面团来说简直太容易操作了，不会弄得乱七八糟，使面粉面团到处都是。只需要让小朋友把面团压到模具里，然后烤制就行了。并且这种硬质糖果压模是由耐高温塑料制成的，可以直接连压模带面团一起放入烤箱烘烤。千万不要将这种压模和传统糖果压模弄混，因为传统糖果压模是不耐高温的，入烤箱烘烤会融化。用传统的糖果压模制作时也是一样的，但是这些模具用起来要有些技巧。先将面团填满传统糖果压模，然后在烘烤前将面团拿出来单独烘烤。用手工木质压模制作压花饼干时，要先将面团切成印章的形状，然后压出印花。

左边那个饼干就是用 Springerle 配方做出来的，可以和右边的饼干对比一下，右边的饼干是使用本书中黄油糖饼的配方做出来的。

硬质糖果/饼干压模

1 在模具上喷洒少许烘焙油。取大约能装满一个模具量的面团揉成团，放到模具里，压面团入模。

2 轻压面团使其均匀地分布在模具里。

3 如果面团的量取的不够就添加一点在模具中间，然后重复上面的步骤，使其均匀地分布在整个模具里。

4 用小刀刮去多余的面团，再用食指抹平表面。接着直接跳到步骤8按要求烘焙，如果要制作花束式的饼干，就按照步骤5~7的方法一步步来做。

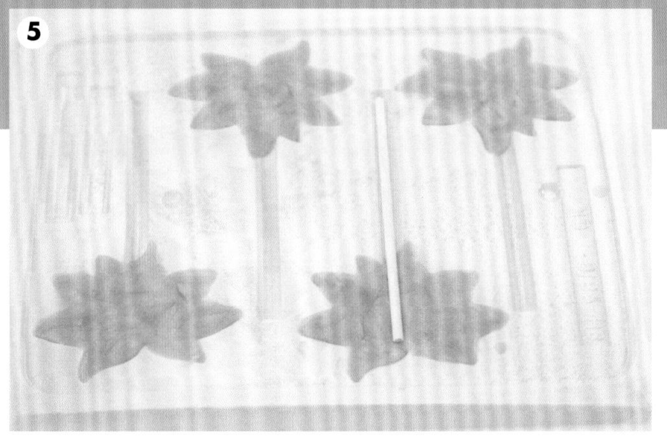

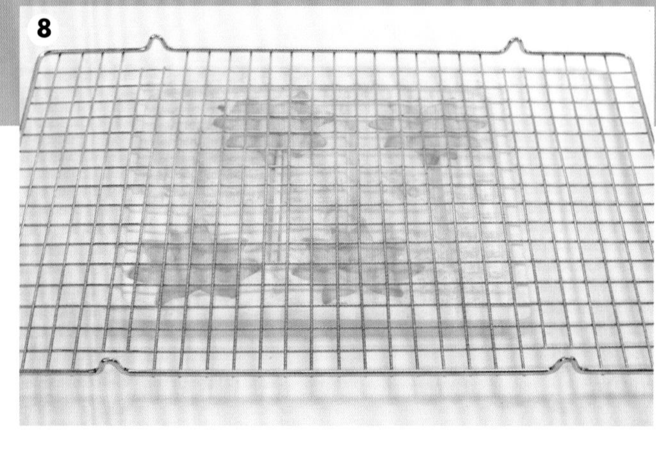

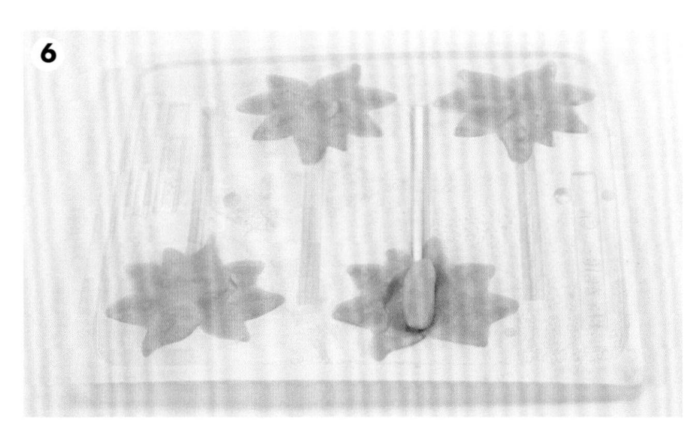

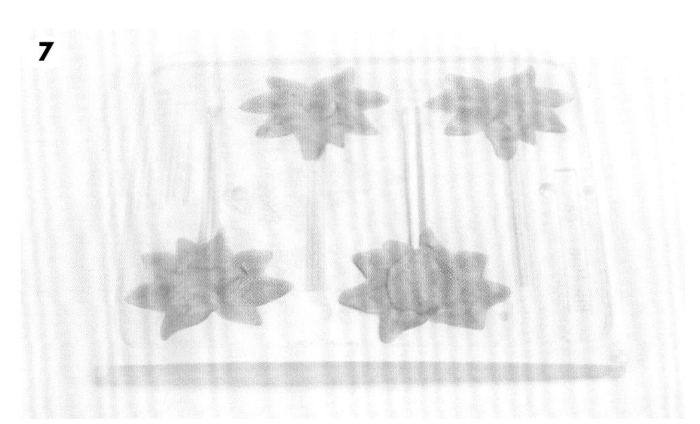

5 虽然模具上有杆的凹槽，但是我们烘烤的时候可以用杆也可以不用。如果用杆，可以把杆如图中那样放在装好面团的模具上，这样杆可以延伸到顶部。如果需要更长的杆，可以把模具底部剪掉，这样杆就不用受模具长度的限制了。

6 然后取一点面团放在放置好杆的面团上，盖住杆。

7 轻压面团使其融合。

8 把填充好面团的模具放在烤架上，用160℃的温度（这个温度有可能会略低于配方中的温度）烘烤10~12分钟，或烘烤到饼干边缘开始变成金黄色为止，然后将烤盘从烤箱中拿出来，将烤架反扣在桌上，冷却几分钟。虽然塑料材质的模具在160℃或以下不会发生融化，但是模具在高温状态下会产生卷边的现象，这是正常的。在把冷却架放正之前，请确保模具在冷却架上完全冷却。

9 用双手握紧冷却架和模具，将冷却架和模具一起翻转过来，掀开模具。如果饼干没有自然脱落下来，那么轻轻折一折模具，使其松动，饼干就会自然脱落下来了。

10 等待饼干完全冷却后，再进行后续的装饰。

不能直接烘焙的糖果模具

1 在模具表面轻喷一层烘焙油，再轻撒一层薄薄的干面粉，防止粘连。取足量的面团团成球，放入模具中，轻压使其均匀地摊开，铺满整个模具。

2 用小刀刮去多余的面团，并用食指抹平表面和边缘。如果要制作花束式的饼干就重复步骤3~5。

3 烘烤饼干时可以带着杆，也可以不带杆。如果带杆烤，把杆放在模具上面，确保杆的位置尽量顶到饼干的顶部。如果需要保留更长的杆，可以把模具底部剪掉，这样就不用受模具长度的限制了。

4 然后取一点面团放在上面，盖住杆。

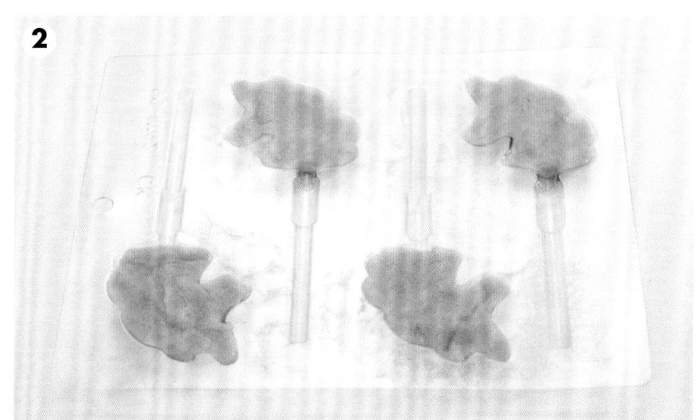

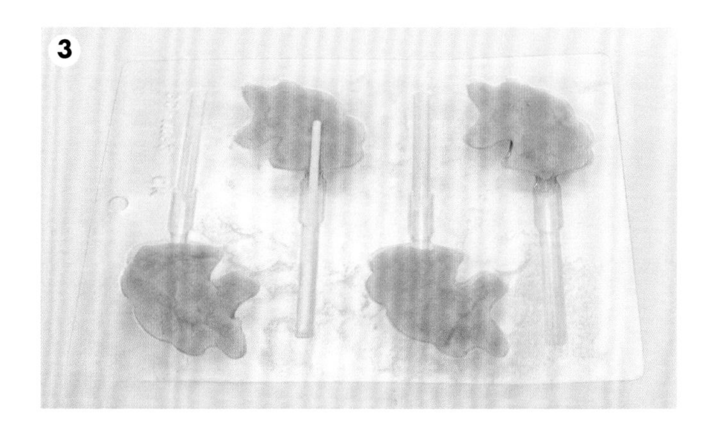

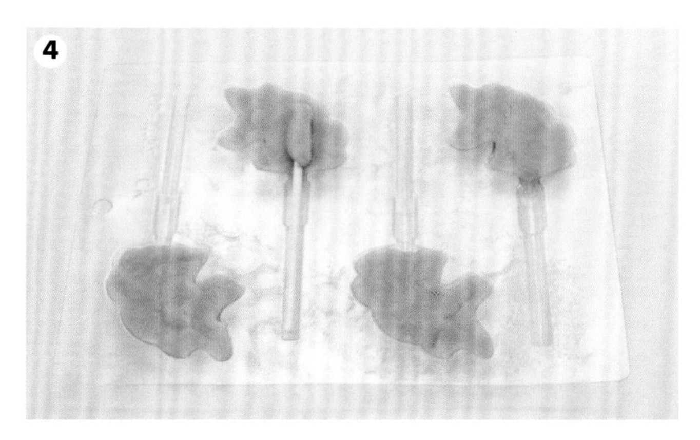

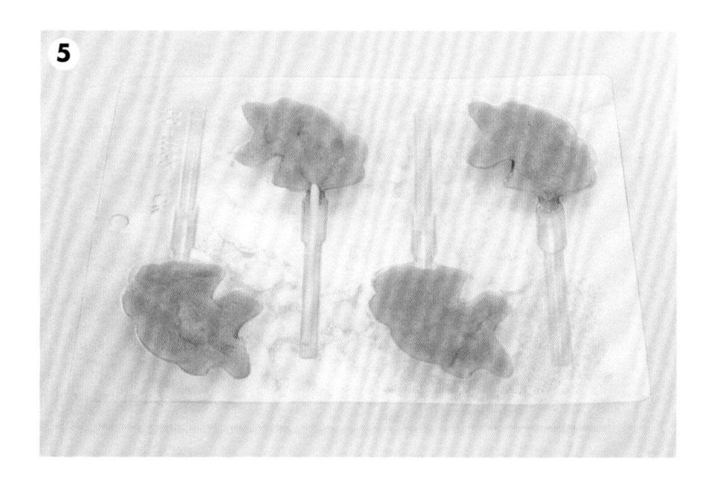

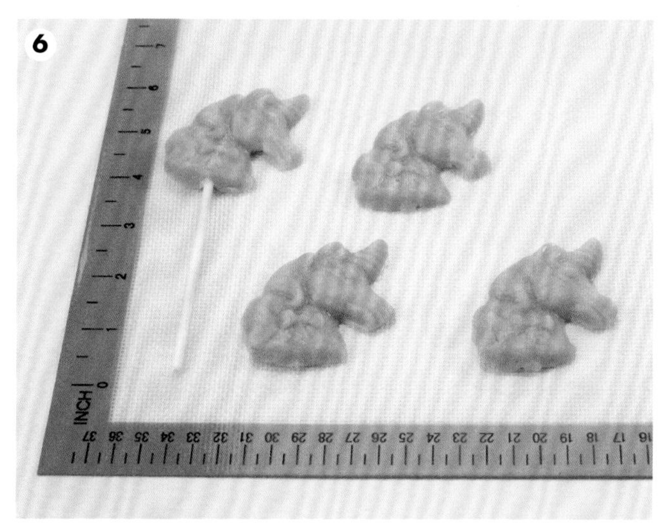

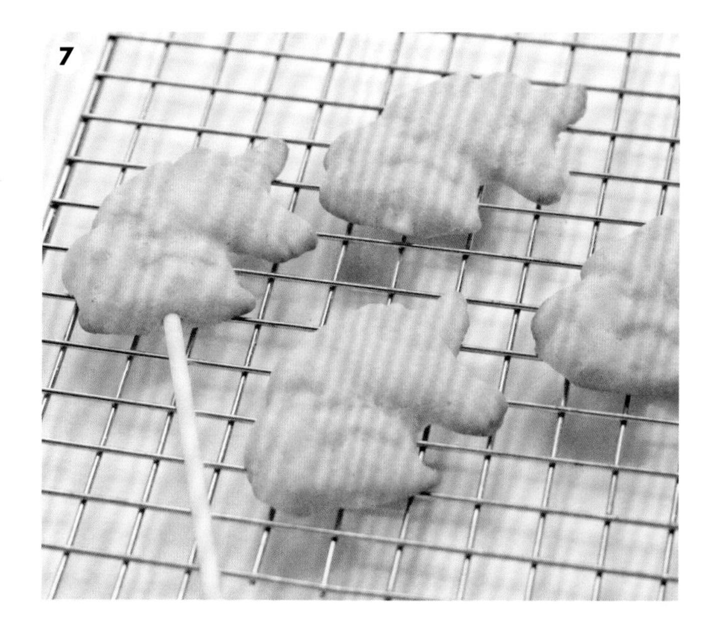

5 轻压面团使其盖住杆，不要让杆露出来。轻压让两部分面团混合成一体。

6 把填满的模具放到冰箱冷冻约15分钟，轻压模具推出饼干坯。把冷冻过后的面坯排放在铺有硅胶垫或油纸的烤架上，静置过几分钟，使其恢复到室温。

如果面团没有自然地从模具上脱离，把模具放回冰箱多冷冻几分钟。如果还是没有脱落，可能因为最开始面粉撒的不够多。等待模具恢复到室温，把面团拿出来，多撒点面粉，再喷上烘焙油试一下。如果这次还是不行，那只有一种可能，就是模具不合适，不是太多细节、太复杂了，就是模具太深了，换模具就可以了。

7 根据配方观察饼干烘烤的程度，直到边缘开始变成金黄色。用刮板轻轻地将热的成形的饼干放到冷却架上。刚烤好的饼干可能会比较易碎，热的时候触碰起来有点软，一定要小心的移动，切记装饰前一定要使其彻底冷却。

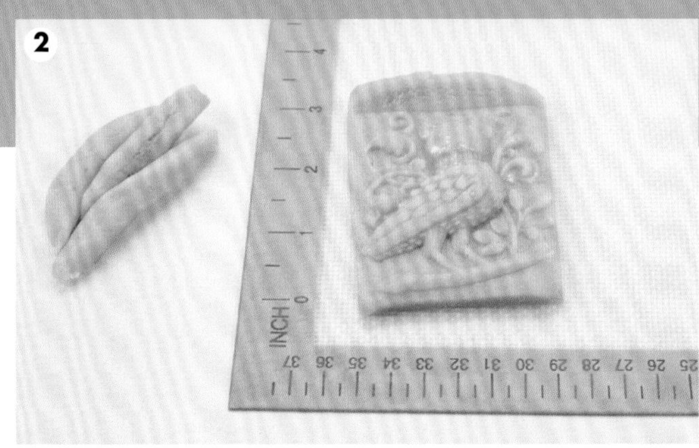

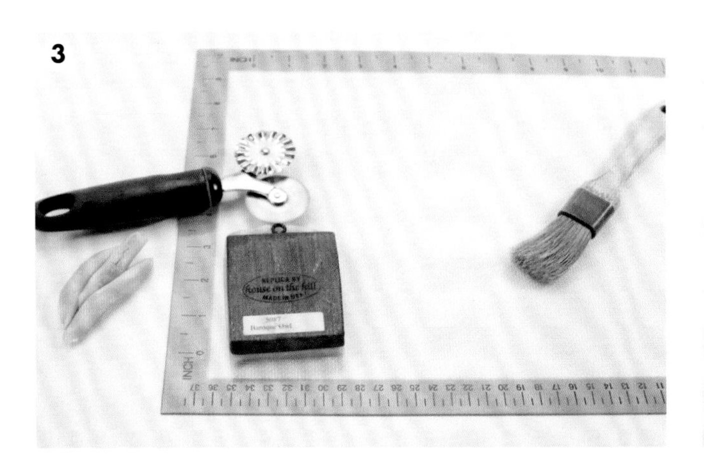

木质模具

1 如果配方有要求，则需要冷冻面团。冷冻后拿出面团，静置恢复到室温。在木质模具上多刷点干面粉或糖粉。取一小块面团在模具中抹平。大多数情况下，饼干坯和模具应该厚度差不多，通常约1.3厘米厚。把压制好的饼干坯平放在铺好硅胶烤垫或油纸的烤架上。

2 用力地按压面团，使其形状更加清晰。

3 用比萨滚轮把周边不用的面团切掉。有些饼干是用来做成吊饰或者其他装饰品的，需要周边留有一部分面团做打孔或其他装饰，根据需要进行切割。不要错把要做成吊饰挂孔或把手的部分一并切掉了。

4 脱模。

5 切割挂孔的部分。如果使用Springerle配方，请根据配方的说明进行操作，让面团先晾干一点再烘烤。依据配方或者观察到饼干边缘开始变金黄色时，用刮板轻轻把烤好的饼干移到冷却架上。刚烤好的饼干因为温度比较高所以易碎，并且摸起来有点软，移动的时候一定要格外小心，切记装饰前使其充分冷却。

切模有时可以代替上面提到的比萨滚轮，如图，压好模，抬起切模，用切模切掉饼干坯多余的部分。

饼干印章

1 根据配方要求混合面团并冷冻。冷冻完成后，将面团从冰箱拿出，静置到室温。在饼干印章表面轻喷烘焙油。先取一小块面团团成球，球的大小差不多是印章的一半，把面团放在铺好硅胶烤垫或油纸的烤架上，两个面团中间要留有空隙，以免压印面团摊开之后会粘到旁边的饼干坯。

2 用印章在面球正上方垂直下压，切记均匀用力，不要晃动，垂直提起印章。

小贴士

在脱模的时候如果面团粘在模具或印章上，可以用手指轻轻沿着边缘推动来脱模。如果面团还是很黏，捏一点干面粉在饼干坯上再试一下。

3 印好后把边缘多出来的部分先留着，这样可以给饼干塑造一个原始的感觉。如果需要切边，可以用圆形切模进行切割，如图3。

4 把压好，切好的饼干坯移动到烤架上，根据配方要求进行烘焙。

5 用刮刀轻轻的将刚烤好的饼干放到冷却架上。刚烤好的饼干因温度较高，所以比较易碎，而且摸起来有点软，移动时一定要格外小心。饼干完全冷却后才可以进行装饰。

你该知道的饼干糖霜种类

这一章介绍的是如何在饼干表面用糖霜进行装饰以及一些装饰工具的使用方法。装饰材质有蛋白糖霜、流质糖霜、奶油糖霜、翻糖、蛋液釉、糖制糖衣等。每个章节都包括了该种装饰材料的配方、装饰方法和储存方法。有一些装饰技巧是可以通用的，也有的可以组合起来使用。比如，翻糖膏和蛋白糖霜在很多情况下会同时使用。在这一章里还会介绍一个有关时间控制和装饰特性的表格，考虑到口味、操作简便度、运送特性等，无论你是想达到口味最佳，还是跟孩子一起做，或是储存运输起来最方便等，这都可以帮助你选择最适合你需求的装饰方式。

装饰工具和可食用装饰品

在装饰过程中使用的工具依据使用的糖霜种类不同而不同。裱花袋和裱花嘴可以用来制作流质糖霜、奶油糖霜或者其他需要挤压的各类糖霜。擀面杖调节环、干佩斯切模、压面机可以用来制作翻糖饼干。另外，市面上还有很多已经带有颜色和形状的半成品可以直接购买。

料理机

经常制作糖霜，有一个如图的座式料理机是非常有用的。混合蛋白糖霜时，将配料放入料理机中，调到中高档，仅仅需要几分钟就可以达到预想的浓度。这时候如果使用手持电动料理机，或者使用全手动搅拌棒就会引起很大的浪费。制作奶油糖霜，使用低档搅打几分钟即可，因此做这种糖霜仅使用手动打蛋器也是可以的。

裱花袋和锥形纸袋

裱花袋有很多不同的大小和材质，选一个薄的、轻便的，手感适合自己的。可重复使用的裱花袋是一个比较好的选择。而一次性裱花袋清理起来很方便。标准大小的裱花袋大约30.5厘米，有一次性的或者非一次性的。小一点的更好控制，但是容量相对小，如果装饰工作量大就需要重复往里装糖霜。大一点的相对来说就不那么容易控制了，但是可以装比较多的糖霜，省去了一遍一遍装糖霜的时间，也比较节省原材料。用包装用的可以拧起来的绳子给裱花袋封口可以防止糖霜溢出。特别是跟小朋友一起做烘焙的时候，这是非常必须的！相信跟小朋友一起做过烘焙的朋友都深有体会，他们常常会出其不意地将装进裱花袋的东西挤出来，然后弄得到处都是，很难清理。你也可以用三角形油纸自己制作一次性裱花袋。油纸是一个理想的材料，特别是清理的时候。只要剪掉尖角进行装饰，用完后扔掉就可以了。支架是用来放置装好装饰材料的裱花袋的，这可以在烘焙商店或网上买到。这些支架在装奶油或糖霜的时候非常方便，可以腾出两只手来装奶油。高脚杯也可以用来当作支架用。一些裱花袋支架还有海绵垫，可以一定程度上堵住顶端开口，防止装饰材料因为暴露在空气中而变干变硬。

裱花嘴和连接头

很多裱花嘴可以用来挤奶油或糖霜。流质糖霜需用小的圆嘴裱花嘴，所以多买几个各种大小的圆嘴裱花嘴是非常必要的，这样就可以不用因为换颜色而换裱花嘴了。PME的裱花嘴优于普通金属材质的裱花嘴。因为它们是不锈钢的，而且没有接缝，顶端很光滑，大小尺寸也分的很细。使用PME的裱花嘴时推荐备有0号、1号、1.5号、2号、2.5号、3号、4号等。奶油糖霜比较容易保持形状，多种不同的裱花嘴可以做出很多不同的设计。大一点的圆嘴裱花嘴，比如6号、8号或者10号，可以用来装饰饼干。叶子裱花嘴350号和352号可以做出很漂亮细致的圣诞树叶子形状和花冠。233号是像迷你面条机一样的小圆头裱花嘴，很适合用来制作动物毛发、草叶之类的形状。46号可以用来制作彩带或者蝴蝶结。

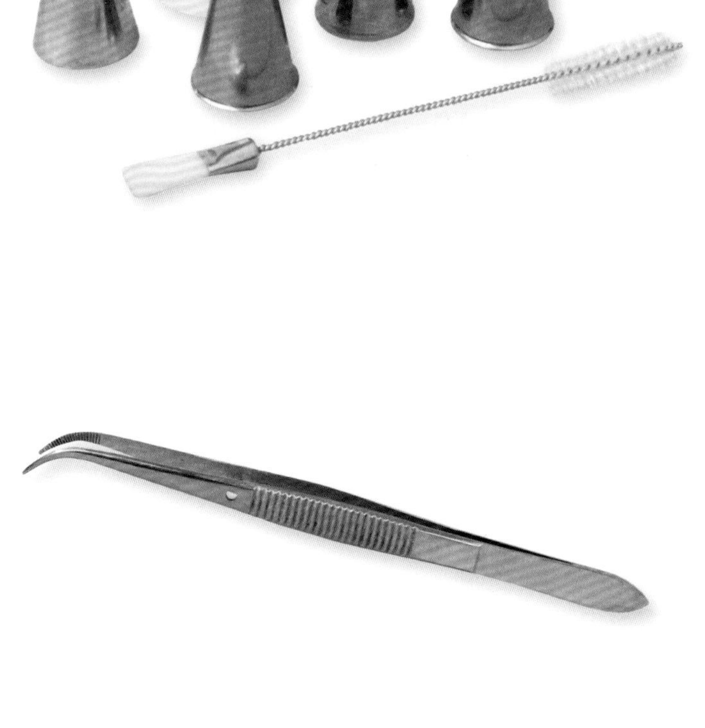

连接头是由两部分组成的，可以在裱花袋不变的情况下改变裱花嘴，挤出不同的形状。裱花嘴清洁刷也可以买一个，清理的时候很好用。清洁刷是像睫毛膏刷一样的设计，如图，可以清理到比较难清理的裱花嘴，如有比较多尖角拐弯的那种。

镊子

镊子可以用来将小装饰品放在饼干或者蛋糕上，精确且不容易将手指印印在饼干或蛋糕上，如果用手指直接放上去，很容易放歪，又容易弄坏。

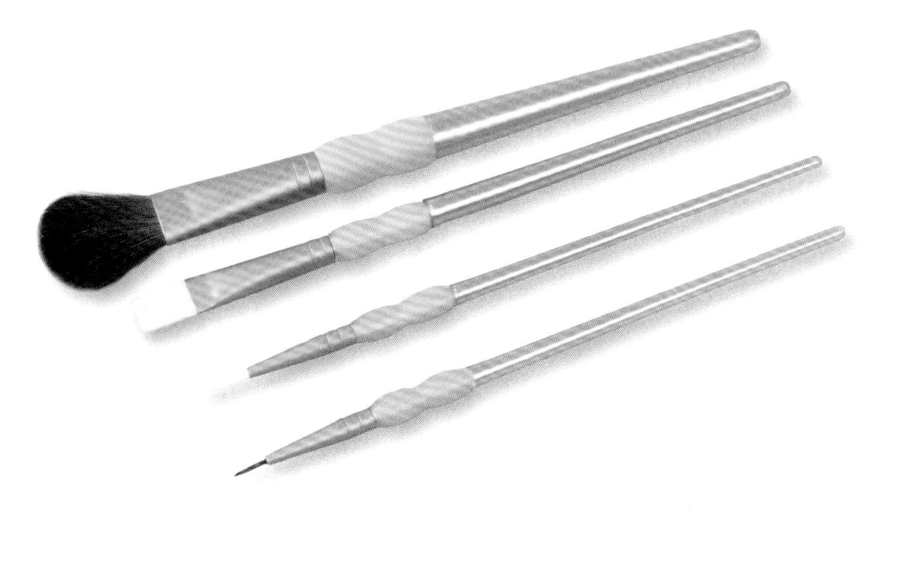

刷子

圆扁刷是必备好用的工具，这本书中几乎所有出现糖霜的配方都要用到这把刷子，所以应该准备一套专门的烘焙用刷。圆头鬃毛的小角刷可以用来做精细的流质糖霜、翻糖、糖衣涂层、蛋液釉等装饰。平刷可以用来刷刺绣、印花类装饰，也可以用来扫除多余的糖或颗粒。大圆头软鬃毛刷是用来扫除面粉的。甜点刷可以将饰胶挤在饼干上粘住翻糖。

食用色素

啫喱状或者粉末状的食用色素是比较常见的。在本书P51会详细描述。

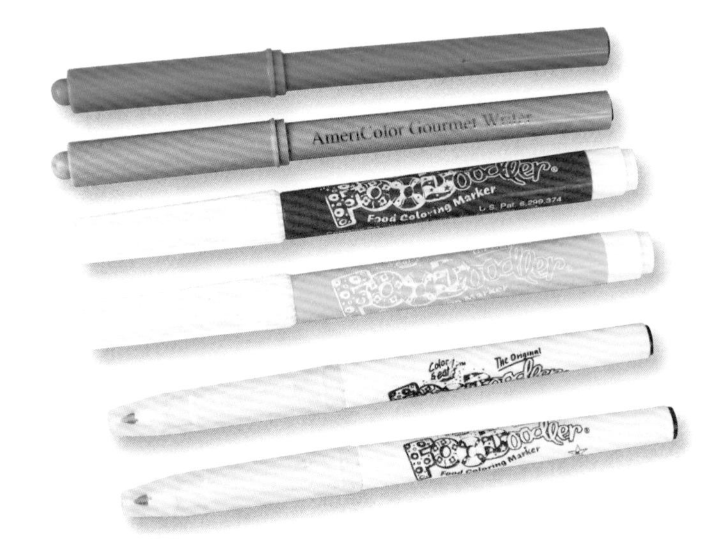

食用色素马克笔

装有食用色素的马克笔可以用来在糖霜形成的硬质表面描画细节图案，比如翻糖表面还有流质糖霜表面。市面有很多制造商生产的不同颜色和不同笔头大小的色素马克笔。笔头大小是很关键的一点，它关系到装饰画的细致程度，笔头太大，画出来的线条就粗，反之就会显得精细。所以准备一套笔头有大有小的食用色素马克笔是很必要的。

食用闪粉

粉质装饰有很多种。可以以粉末的形式直接用于装饰蛋糕或饼干，也可以与食用酒精混合做成涂料刷在饼干上做装饰。珠光粉剂、白金色粉剂、珍珠粉尘都有闪粉的光泽，可以用来调制金属色，比如金色、银色、铜色、珍珠色等。珍珠色闪粉是用途最广泛的粉剂之一，因为它可以加在任何颜色上给原本的颜色叠加白色的金属光泽。叠加这种珍珠白色时看起来是非常好看的。花瓣粉可以呈现磨砂表面的质感，当制作褪色感觉的颜色时可以使用，比如花瓣，看起来比较有真实感。有一些装饰粉尚未经美国食品及药物管理局（FDA）批准，所以仅用于装饰不可以食用，我们在选择的时候可以选择经过批准的可食用装饰。

碎糖粒

碎糖粒在做装饰品的时候可以应用在饼干糖霜上，塑造一种闪光的感觉。糖沙比糖粒看起来更闪亮。粗糖比糖沙更粗，装饰在饼干上看起来更厚重。白色的粗糖或糖沙经过染色可以变成任何你想要的颜色来搭配饼干或蛋糕。请根据本书P133的配方进行砂糖染色。

装饰糖片

可以使用可食用装饰糖片给甜点增加一抹色彩或者创造一个主题。比如雪花形状的、姜人形状的，或者糖果形状的糖片和装饰颗粒都很实用，既简单又好看。

可食用亮片 / 亮粉

可食用亮片在光下可以呈现出柔和的光。可食用亮片可以直接使用片状的，也可以磨成超细的粉末，叫作可食用亮粉。都可以呈现一种亮亮的感觉。这些装饰材料都是无色无味的。

迪斯科粉

迪斯科粉，有时也被称为魔法粉，是一种很细的闪粉，呈现闪闪发光的效果，它是无毒的，但尚未经美国食品及药物管理局批准用于食用。因此迪斯科细粉将只用作装饰，而不能食用。

可食用装饰性糖球

糖球有很多不同的颜色和尺寸。糖粒巧克力片（nonpareils）是极小的糖球，可以广泛应用于制作饼干或蛋糕装饰上。大一些的糖球像糖珍珠和糖豆，大小在2~7毫米之间。Sixlets糖球更大，直径大约在10毫米。糖粒巧克力片（nonpareils）、糖珍珠、糖豆都是甜甜的硬壳糖球。Sixlets糖球是裹着巧克力内心的硬壳糖球。有一些糖球带有珠光的表面，会散发出珍珠般的光泽。

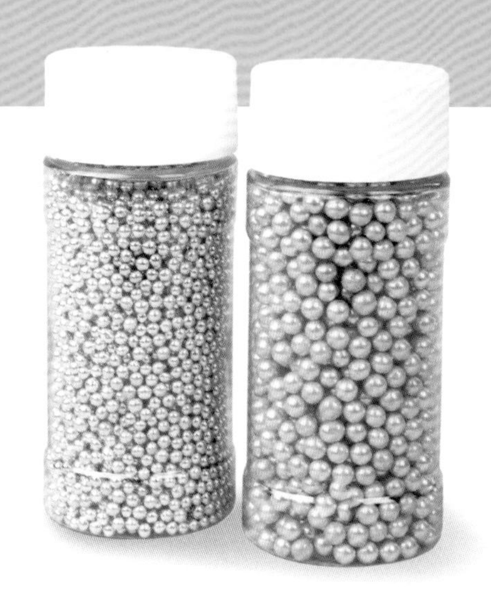

金属色糖珠

球形、钻石形、椭圆形或其他形状的金属光泽的糖球看起来非常漂亮。尽管如此，美国食品及药物管理局规定金色或银色的糖球仅可以作为装饰性材料来使用，不能食用。在其他国家，包括英国，就可以作为可食用产品。给大家推荐一款经批准的替代品，它是一种有珍珠光泽的金色、银色、白色和其他颜色的糖珠。珍珠光泽的糖珠并不如特别抢眼的金属色那么出挑，但也是非常漂亮的替代品。

金属色食品喷雾

这种喷雾可以快速地做出金属色外观，有很多颜色，常用的有珍珠色、金色、银色等。

较大的糖类装饰品和蛋白糖霜装饰品

糖霜装饰品是把蛋白糖霜挤到油纸上制作而成的。蛋白糖霜模子可以动手做也可以直接买到。用蛋白糖霜制作的眼睛，可以做成很多不同的大小，可以提前制作好储存起来备用，不用现做现用。另外也可以做成大一些的形状储存备用。

食用饰胶

食用饰胶是一种无色无味的可食用胶水，用来把装饰品粘到饼干上。它可以趁糖霜还未干的时候把装饰品粘在待装饰表面上，也可以挤一点当作胶水把装饰品粘在饼干上面。饰胶可以刷在烤好的饼干上来粘贴翻糖，还可以用来把饼干组装到一起。食用饰胶通常装在像牙膏一样的挤压管里或者罐里。

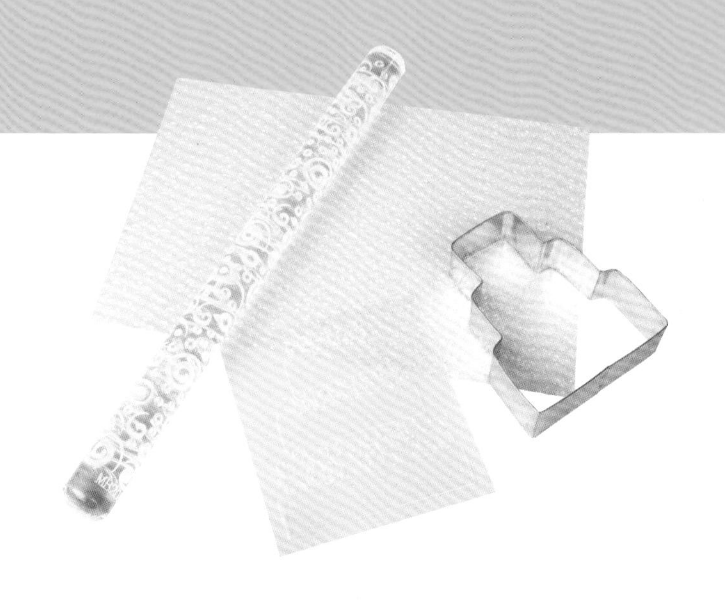

纹理垫和印花滚轴

纹理垫和印花滚轴可以制作全幅翻糖图案。切模和纹理垫相配合可以进行快速装饰。

干佩斯和翻糖切模

把切好的装饰品粘贴在饼干上时，可以使用干佩斯和翻糖切模。这些切模通常比饼干切模小一些，可以完美地切出更加精细的形状。许多这样的切模，比如拼接用切模，都具备精细的压花装饰图案。

抹刀

蛋糕装饰抹刀通常有一个细长的金属薄板，用于混合配料和糖霜。当给饼干上糖霜的时候可以使用一个小号的直抹刀，将糖霜均匀地分布于饼干表面，再用抹刀棱沿着饼干边缘转一圈，抹掉多余的糖霜。抹刀或锥形细薄棱的PALETTE刀可以用来提起翻糖边，再整个移动到饼干上。

挤压瓶

挤压瓶通常用来挤压巧克力或者糖衣涂层装饰。挤压壶也可以用来挤压糖霜，但是糖霜必须比较稀，否则不容易挤出来，有时候还会堵塞挤压口。如果糖霜太稀，就会从饼干上滴下来，不容易凝固。可以装入砂糖来控制挤出糖霜时的流量，详见P138。

牙签

牙签可以用来从罐子里把颜料取出来。每次操作时，牙签头必须是干净的，然后再蘸一下容器里的食用色素颜料。牙签一般不重复使用，如果重复使用，牙签会污染整个罐子的色素。牙签也可以用来调节流质糖霜的走向和花纹，比如划出尖角和其他精细的形状。

剪刀

锋利的厨房剪是必须的，比如剪掉裱花袋顶端的出口，修剪任何需要剪开的开口，还有修剪饼干糖果涂层边缘不圆滑的地方，厨房剪都是必备的工具。

面团挤压器

这种挤压器是用来挤压平整光滑的胶质面团或者翻糖面团，形成条状和绳状并有一定厚度的形状。这种挤压器套装通常包括如图不同的压花片，可以挤出不同形状的条状物。

切割工具

花茎板是一个非常光滑且平整的表面，可以在上面切割翻糖或者干佩斯。Celflap通常用来铺在切好的翻糖或干佩斯上，防止变干。

迷你比萨滚轮绝对是修剪饼干面团时超好用的工具。还可以用它来切割条状软糖或干佩斯。切割的时候最好用不锈钢尺做辅助，确保切出来的条是直的。PolyBlade是一种薄的，刀面比较灵活的不锈钢切刀。因为它非常薄，所以切面非常小，不会破坏到翻糖或干佩斯本身。另外还可以准备一对小剪刀，用于剪断小的而且经过精细切割的干佩斯和软糖。削皮刀的用途就很多了，前面也介绍过许多。另外长刮板是一种有手柄的具有一个略大的平面钝刀片的工具，类似于奶油刀。一般用长刮板切割大块的翻糖或干佩斯。刮板清理起来也很方便。保持刀面45°角可以刮去工作表面上干硬结痂的干佩斯或翻糖。

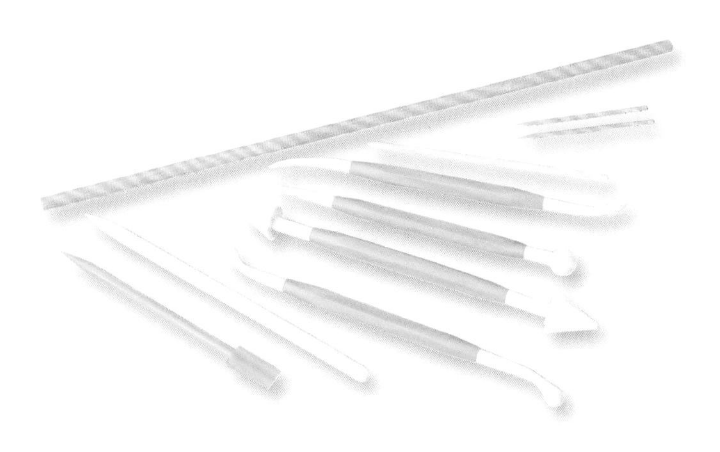

整形工具

整形工具是压花饼干必不可少的工具，不单这样，在其他方面也会用到整形工具。基本的入门套件应该包括各种基本尺寸的球形模具，包括带有锥形头的模具，一个雕刻脉络的模具和一个狗骨头形状的模具。其他工具包括绗缝轮、贝壳式工具和划线针，都是必备的。这些工具有一个圆形端和锥形、尖端的头。 Celsticks是用于制作荷叶边等褶边的最佳工具。牙签相比之下就有些难以控制了。

海绵工具

海绵板或者海绵垫可以用于放置做好的装饰花。许多双面海绵垫可以和不粘擀面杖搭配在一起擀压翻糖。双面海绵垫一面是软的，另一面是硬的。用软的那一面来制作荷叶边（P168），硬的那一面用来擀压和切割。一些海绵垫还带有孔洞，可以用来晾干装饰花朵使其成形。

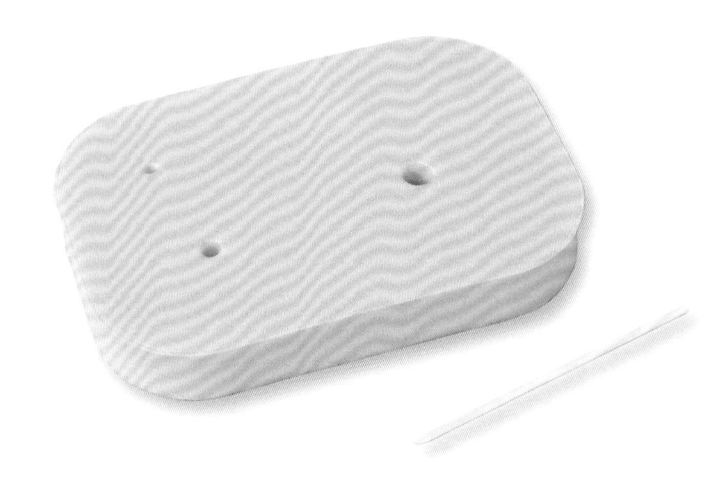

模具

使用模具装饰是一种非常快速有效的装饰方法。硅胶模具是软的，形状精细，用于翻糖干佩斯特别容易脱模。优雅的蕾丝和串珠也可以用硅胶模制成。这种模具价格便宜，几乎任何主题的模具都能找到。其他材质的模具也可以方便的买到，但是使用之前一定要检查你所使用的模具是否符合食品安全级别。

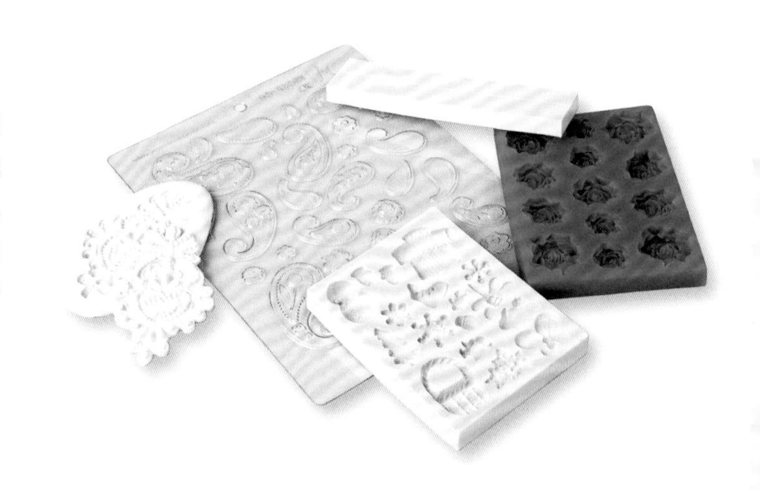

压面机

压面机可是一个昂贵的投资，但要做出好的饼干装饰也是值得的。无柄的压面机或带附件的压面机都非常容易上手。通常在做花形饼干的花瓣时需要擀压的非常薄，可以使用压面机附件。压面机也可以由一组准度条替代，在同样厚度的两个准度条之间擀压翻糖或干佩斯，这样擀压出来的形状就会是厚薄均匀且等同于准度条厚度的。虽然这些准度条不能做出像压面机那样薄的条状面饼，但是还是可以满足大部分需求的。

各类装饰材料对比图

本书中的每一种装饰糖霜都有其不同的工作特性，有其独特的口感以及各不相同的外观。下面这个各类装饰材料对比图还可以帮助你确定哪种糖霜最适合该种饼干的特性，能创作出最完美的组合。每一种糖霜的特点在本书的后面章节都会有独立的一章做详细讲解。图表中包含了通用的制作规范和从主观角度考虑的几种可能会发生的情况。鸭子形状的饼干图片代表了各种不同糖霜的完成形态，可以给读者做一个比较直观的效果参考。

流质糖霜，P64

用流质糖霜画画，P78

奶油糖霜，P82

翻糖膏，P100

巧克力糖衣，P114

蛋液釉，P120

不同材质装饰糖霜饼干的特性对比

材质	适合跟小朋友一起做	口感	邮寄	高温环境下保存时长	冷冻
奶油糖霜	✪✪✪✪✪	✪✪✪✪✪	✪	✪	✪✪
巧克力	✪✪✪	✪✪✪✪✪	✪	✪	✪✪✪✪
流质糖霜	✪✪	✪✪✪	✪✪✪✪✪	✪✪✪✪	✪
描画型流质糖霜	✪✪✪✪✪	✪✪✪	✪✪✪✪✪	✪✪✪	✪
蛋液	✪✪✪✪✪	✪✪	✪✪✪✪✪	✪✪✪	✪
翻糖	✪✪✪	✪✪✪✪	✪✪✪	✪✪✪✪	✪✪

口感

我做了一个小调查，参与调研的人都品尝过表格里的几种装饰饼干，因为不同的人拥有不同的口味，所以结果在大多数情况下还是比较可信的。

流质糖霜是通过加水稀释蛋白糖霜制成的。淡淡的甜味夹带着不经意间脆脆的颗粒感，非常奇妙。还可通过加入水果或鲜花味的增味剂来增加糖霜的味道。

通常情况下，饼干与奶油糖霜的搭配可以说是百搭组合，永远都不会上黑名单。咬一口，绵软、美味、香甜，满满的都是幸福感。

虽然我不是很喜欢翻糖蛋糕的口感，但翻糖饼干却大不一样。翻糖饼干是可以咀嚼的糖霜，追求咀嚼感觉的朋友可以根据本书中的配方做出好吃的翻糖饼干。

巧克力或糖果涂层装饰饼干具有一种特别的美味。油基精华、其他果香或花香的浓缩香料提取物还可以变幻出更多的美味。

另外，考虑到健康方面的因素，低糖饼干是个不错的选择，那蛋液釉就是最完美的选择了，它不仅可以为饼干增添亮泽的装饰效果，还可以给饼干增加淡淡的甜味和鸡蛋的香味。

和小朋友一起做装饰烘焙

关于“和小朋友一起做装饰烘焙的难度”这一栏的星级评价是基于多年来我跟小朋友一起做烘焙的经验给出的评价。我有4个孩子，我跟他们每个人都做过这本书中所有的装饰饼干。纵观血泪史得出结论：年龄稍大一点的孩子，比如12岁以上的，可以一起制作所有种类的装饰饼干；年纪稍小一些的孩子，会比较难拿住裱花袋，因为他们手会小一点，所以做的时候一定要注意确保所有的糖霜袋和奶油袋等都用皮筋扎好，以防止他们无时无刻小手一捏，从裱花袋上面挤出奶油来，那接下来的时间就只能洗衣服洗澡了，烘焙什么的就留到下次吧。比较适合跟小朋友们一起制作的是流质糖霜装饰饼干，场面弄得有点乱是不可避免的，不过用挤压瓶可以多少避免这种情况的发生。但是有时候，对于孩子来讲，挤压瓶可能不太好用，当你真正操作的时候，不妨试试挤压瓶，如果实在不行，那就多花点功夫清理吧。填充挤压瓶之前加入水，这样可以使孩子们挤压的时候轻松一点，但是就如前面所说的，这样流质糖霜会变稀，有可能会从装饰好的饼干上滴下来。这时，我们可以选择用刷子将流质糖霜刷到饼干上。在准备工作这一步，你需要把所有的饼干先刷一层白色的流质糖霜，然后再交给孩子来装饰，孩子们的想象力可以给你意想不到的惊喜。

奶油糖霜也是一个不错的选择，因为你可以用奶油糖霜做出很多不同形状和质感的装饰。奶油糖霜不像流质糖霜或者巧克力那样稀薄，所以对孩子来说更容易握住袋子。看好孩子，他们超级喜欢把奶油挤到嘴里，因为味道确实不错。

翻糖也是一个很好的选择。这种可以吃的面团可以被做成各种形状。记得提醒孩子不用的时候盖起来，因为翻糖变干之后容易裂开，就不能再用了。

孩子们也喜欢用巧克力或糖果涂层来装饰饼干。把融化的糖浆倒入挤压瓶，或者让孩子们直接用装饰笔在饼干上写画，都是在食用巧克力或糖果图层来装饰饼干时不错的方法。不要妄想小朋友乖乖地等着巧克力凝固，所以这里我会选择使用巧克力贴纸，贴纸不仅有许多有趣的图案，还比较容易操作。撕开巧克力贴纸贴膜，不用等很久，就可以立刻看到超级棒的形状，他们会非常惊喜。做好后在饼干表面盖一层烘焙纸可以保证表面清洁。用巧克力作饼干涂层装饰的缺点是容易弄得非常乱。因为巧克力在挤压瓶里很容易流动，有时根本不需要挤压就会滴下来。

蛋液釉饼干是另一个非常不错的选择。甚至对于年纪较小的孩子，也无须担心操作难度。他们可以把饼干入模、烘烤、刷蛋液，然后用烘焙马克笔进行装饰。但是要注意一点，蛋液需要一段时间先晾干，才能进行装饰。所以小朋友们不能心急。

运输

流质糖霜饼干应该是最适合运输的装饰饼干，它好定形，无论在比较热或者比较冷的条件下，都可以很好的保持原有的形状。流质糖霜饼干涂层晾干之后表面比较硬，更容易包装和储存。

奶油糖霜饼干冷却后可以形成外脆内软的质地。运输中自然避免不了碰撞，很容易被压碎，所以奶油糖霜饼干并不适宜运输。更重要的一点是，奶油糖霜在温度较高的环境下会融化，在比较热的天气运送，容易融化，所以更不能运输。

对于表面是平的，没有起伏的翻糖饼干来说是可以运输的。在打包之前，很重要的一点是一定要确定饼干糖衣完全晾干甚至隔夜，以形成一个比较坚硬的外壳，这样运输起来才不容易变形。花状或其他立体3D的翻糖图形都属于比较复杂的图形，这类的装饰饼干都不宜运输，太容易碎了。如果是简单的平面的翻糖涂层装饰饼干，一般运输都是没有问题的。

巧克力或糖果涂层装饰饼干在天气不是那么热的时候是可以运输的。涂层完全晾干是运输的必要条件。在天气比较热的时候要格外注意，这种涂层的饼干会像巧克力能量棒一样化掉。记住，运输的时候盒子内的温度难免会略高于盒子外的室温，所以运输巧克力或糖果涂层的饼干时要格外注意这一点，不要以为自然温度适中，运输过程中就没有问题，也有可能会出现轻微的融化变形。

蛋液釉饼干只要彻底晾干，运输起来就没什么问题了。不需要过度关注温度的问题，因为蛋液怎么会融化呢。

冷藏

湿度是冷藏饼干时最需要关注的因素。过度湿润可能会造成奶油糖霜和流质糖霜颜色析出，出现浓缩色点。翻糖饼干也可能会有这种情况发生。巧克力或糖果涂层饼干不会有脱色的情况发生，但是冷冻之前要包装好，否则冷冻后摸起来会很粗糙，还会发黏。

如何冷藏烘烤好的但还未被装饰的饼干。如果这种饼干烘烤前需要冷冻，则一定要遵循冷冻包装说明，然后再开始操作。首先使冷藏过的饼干恢复到室温，把饼干放在容器中，如果堆叠时饼干形状和装饰不会变形，则可以堆放在一起，每层之间放入油纸作间隔。用保鲜膜将容器包两层，然后用锡纸包装。最后把容器放入温度适宜的冰箱。冷冻时间到后，把包装好的盒子从冰箱中取出，先恢复到室温，再展开保鲜膜和锡纸，进行下一步操作。

如何设计装饰图案和准备工作

通常来说，饼干使用的场合决定了设计的主题。如果你在准备聚会用的饼干，那么设计的主题不仅要搭配使用的容器、房间的装饰，还有聚会的主题等。如果只是单纯的制作饼干，没有特殊的用途，那完全可以上网找一些喜欢的图案来进行操作。简单来讲，在搜索引擎中输入主题，再输入“剪贴画”，你会搜索出很多有趣的设计。

设计图案

在涂抹涂层装饰之前，一定要先做好设计。为了更清晰直观地看到饼干成形后的样子，可以先把饼干切模轮廓用铅笔画在纸上，用颜色涂起来，如图。涂色也许看起来并不需要，但是涂色的确会给人一种作品成形之后的直观感，可以很好地判断这些颜色搭配在一起是不是符合你的要求。当我没有时间在设计稿上上色的时候，我仍然会列一个单子写上每一个饼干应该会用到哪些颜色。

网络还可以帮助你规划形状的内部设计。例如，做一个坐着的小狗的轮廓时，你可能难以想象，腿部的褶皱在哪里，只需上网搜索“坐着的小狗剪贴画”，就可以找到很多相关的图片。

如何把控制作时间

饼干装饰的过程中有很多步骤，也有很多装饰方法，其中效率最高的方法就是流水线作业。就像工厂车间一样，先完成所有饼干的一个步骤，然后再进行下一个步骤。这不仅仅会大大缩短装饰时间，还预留出了时间保证饼干在完成第一个步骤后能充分干燥。在规划烘烤和装饰的过程中，一定要留出足够的时间让面团冷却：出炉的饼干需要冷却，装饰好的饼干需要干燥。这意味着，烘烤和装饰两个步骤也许不能在同一天完成，因为有的饼干需要干燥一夜的时间。各种糖霜的干燥时间根据所使用的涂层类型而不一样。例如，在做巧克力涂层饼干的时候，烘烤、涂抹巧克力涂层、包装可以在一天内完成。而流质糖霜饼干可以在同一天进行烤制和上涂层，但一定要等到第二天才能完全晾干，然后打包储存或运输。

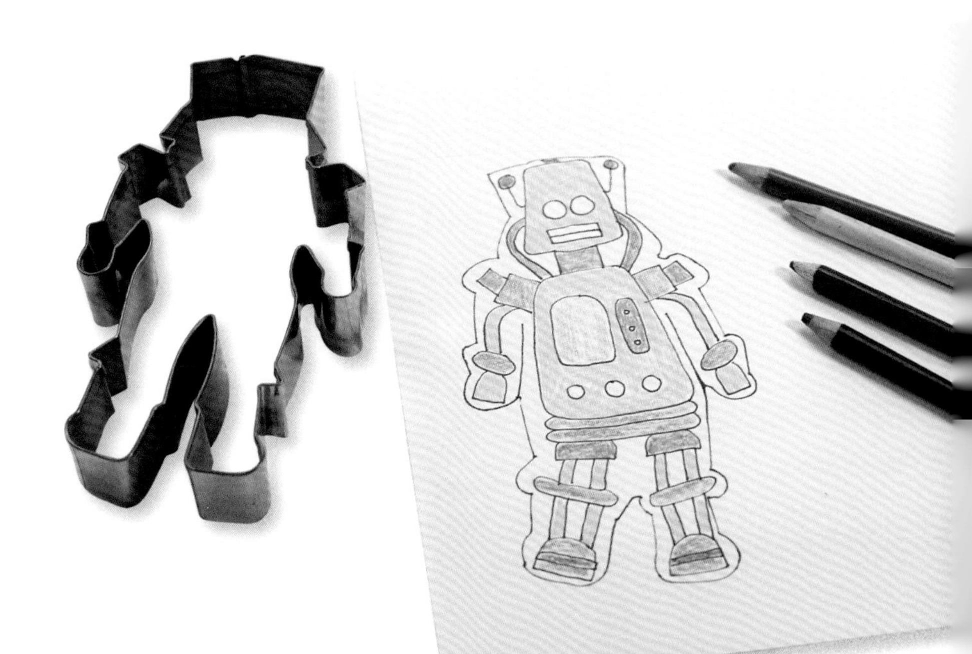

如何给糖霜染色和调味

食用色素可以起到给糖霜染色或提亮的作用，有多种形式，如罐装染色剂、瓶装染色剂、管装膏状或凝胶式染色剂，还有染色粉、染色笔、染色液等，都比较常见。凝胶和膏状色素是最常见的，它们一般是水基的、浓缩的，加一点点就可以有很强的染色效果。浓缩的颜色非常受欢迎，它们可以在染出很鲜艳的色彩的同时，又不会使糖霜变稀，不会影响糖霜的质地。

食用色素粉是高浓缩的，最好的使用方法是将粉末状或颗粒状色素先溶解，再将其加入到糖霜中，否则容易出现有的颗粒没有充分溶解的情况，从而出现深色斑点，影响整体的美观。对奶油糖霜或者翻糖来说，可以先将少量植物起酥油和色素混合，再对糖霜进行染色。液体色素适合染较柔和的颜色，用液体色素调出来的颜色通常会比粉状或者膏状色素染出来的颜色淡，而且加太多的液体色素很容易造成糖霜被稀释，所以通常需要染浅色的时候我们会选择液体色素。油基的色素通常用于给巧克力糖霜染色。液体的、胶质的、膏状的色素都是水基的，容易造成巧克力或者糖果涂层变硬。

其实不需要每个颜色的色素都具备。一套全色的糖霜色素并不一定会每种都用到，不仅容易弄乱弄混，还占用一大部分空间。红黄蓝三色是所有颜色的三原色，所以这三种颜色是必须具备而且无法替代的。用这三个颜色可以混合出其他很多种颜色。尽管如此，有的时候用三原色调色还是挺不方便的，甚至经常调不出你所需要的那个特定的颜色。所以，建议大家首先购置三原色，也就是红黄蓝，然后是二级原色紫色、绿色、橘红色，也就是由任意两个三原色调和而成的颜色，再购置粉色、黑色和棕色，就基本拥有了调色盘上所有的颜色了。

不同品牌的食用色素可能会略有不同。例如，一些品牌的红色其实显示为橙红色，而还有一些品牌的红色可能呈现深粉红色。 AmeriColor这个品牌的食用色素就是个不错的选择，这个品牌的颜色偏明亮，一般是瓶装的，很容易挤出来。如果只需要很少量的色素，那就用牙签顶端沾一点，因为挤压瓶子的时候很容易一下挤出来很多，不太好控制。我通常会用的是AmeriColor的下面几个颜色：超级红、橘红色、黄色、绿色、天蓝色、浅紫色、黑色、巧克力色、深粉色、白色、象牙白色等。我还喜欢使用亮的颜色，如荧光粉、荧光黄等。比较亮的糖霜就是加入荧光色调制而成的。这本书中几乎所有的饼干装饰用的都是上面提到的11个基本的颜色和少量的荧光色。

深色色素，如红色、黑色、紫色、宝蓝色调出的颜色基本上就是它们本身的颜色。如果可能，提前混合一些淡色来稀释这类颜色。用的时候如果颜色不够深，可以多加一点就比较好调出心仪的颜色了。较深的颜色也可能使糖霜变苦，还容易把舌头染色。如果不想出现这种效果，若你想做一个黑色或褐色的装饰，试着加入可可粉来替代，不仅加深了颜色还可以给糖霜加入巧克力的味道。

装饰后的饼干要盖好，否则可能会褪色。因为自然光和荧光灯容易造成糖霜褪色，普通家用照明灯也可能导致同样的后果。

调色板

调色板是一个很有用的工具，它可以帮助你更容易调出心仪的颜色。如果需要调出不是非常红的颜色，可以用这个调色板来确定需要加入什么颜色来调和。了解调色板的使用方法还可以帮助你决定哪几种颜色配在一起更好看，特别是当你决定使用这几种颜色在同一款饼干上的时候，可以参考调色板，好不好看就一目了然了，不至于花了很多功夫，结果搭配在一起并不是想象的那么好看，浪费了时间和材料，心情也会很沮丧。

三原色

红、黄、蓝是基础色，这三种颜色是无法通过混合其他几种颜色得到的。但是所有其他的颜色都可以通过这三种颜色按照不同比例混合得到。

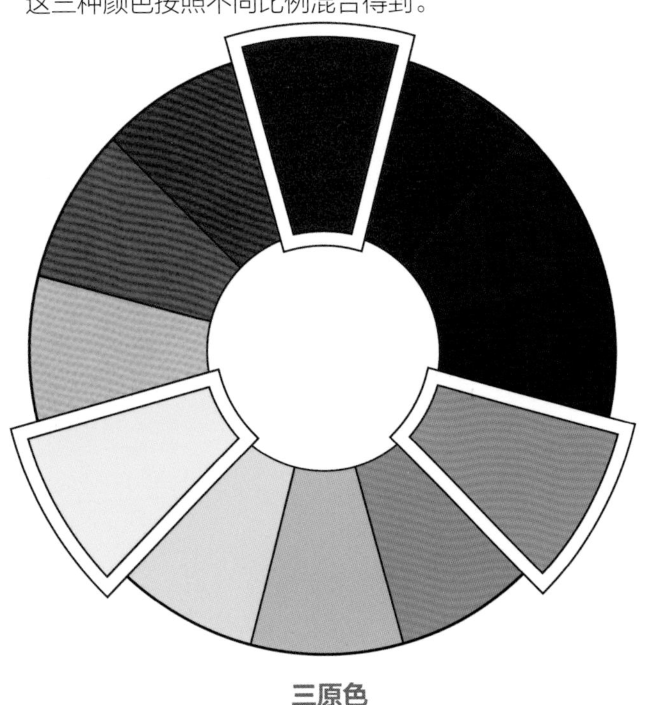

三原色

调色板

二级色

橘红色、绿色、紫色是第二基础色。这三种颜色是通过三原色中任意两种颜色混合得到的。比如，红（1）黄（9）调和可以得到橘红色（11）。

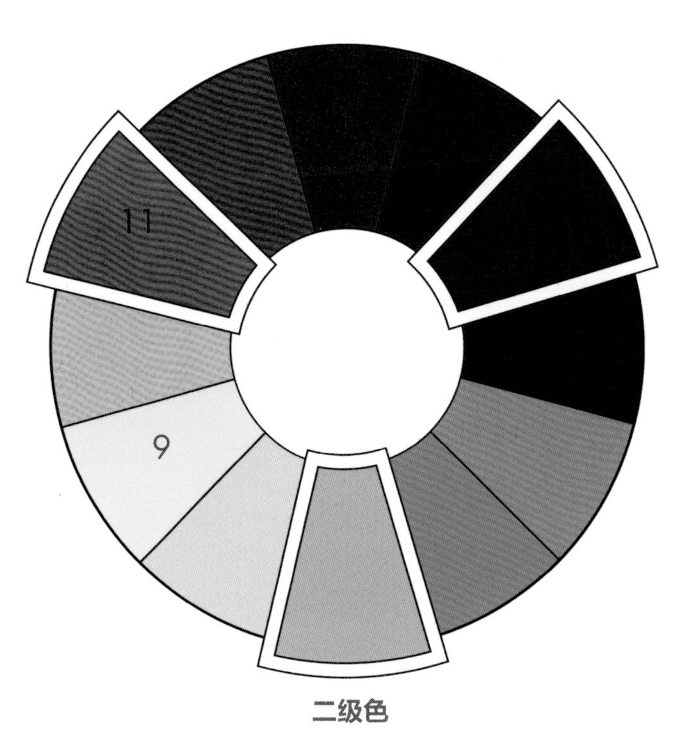

二级色

对比色

对比色是调色板上两头相对应的颜色。对应的颜色是互补的，并且可以互相呈现出最大程度上的对比。三个三原色的对比色是由另外两个三原色调和而成的二级色。对比色可以帮助调和出精确的颜色，例如，若棕色糖霜看起来“太绿了”，那就加一点对比色，即是红色，就会中和原来的绿色。

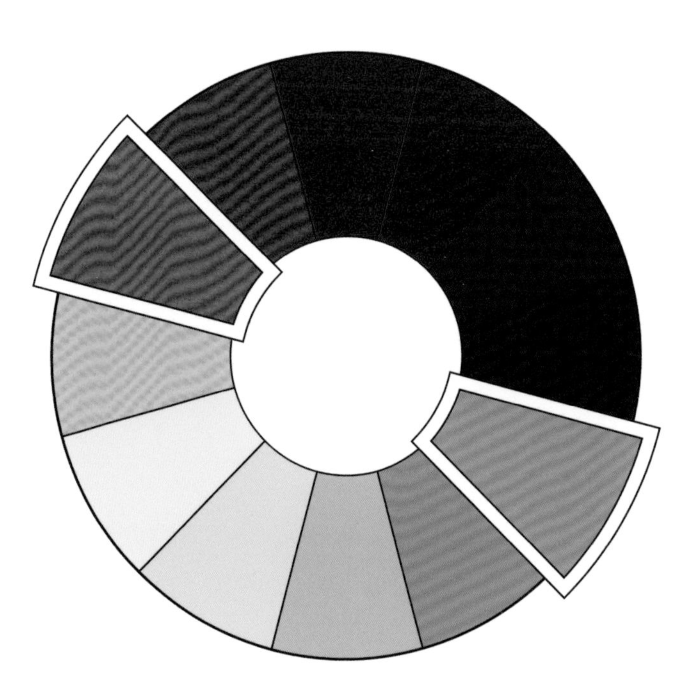

相似色

相似色是调色板上相邻的两个颜色，相似色是放在一起看起来最和谐的颜色。

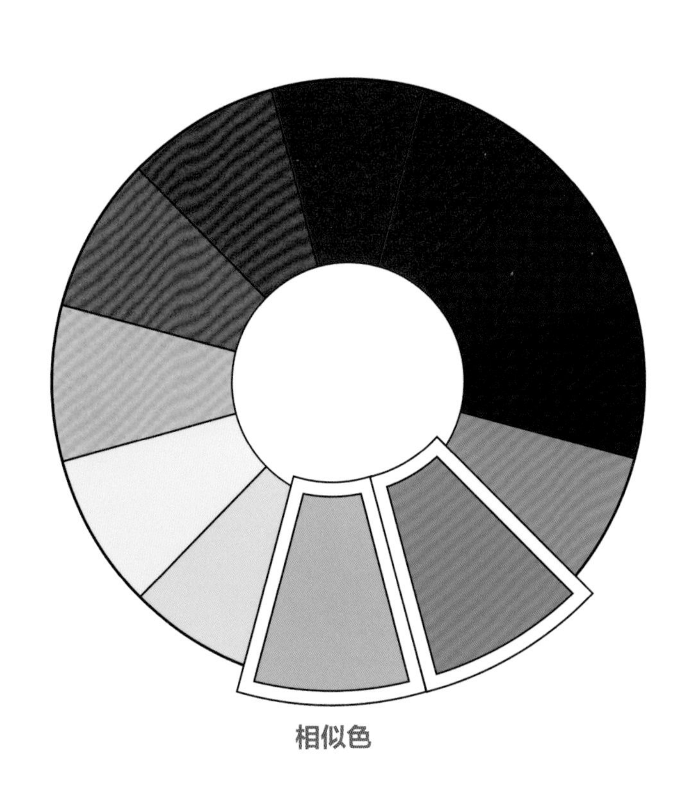

相似色

三级色

三级色是由一个原色和一个相邻的二级色调和而成的。例如，你想得到6号色，就混合6号相邻的原色蓝色（5）和相邻的二级色（7）。

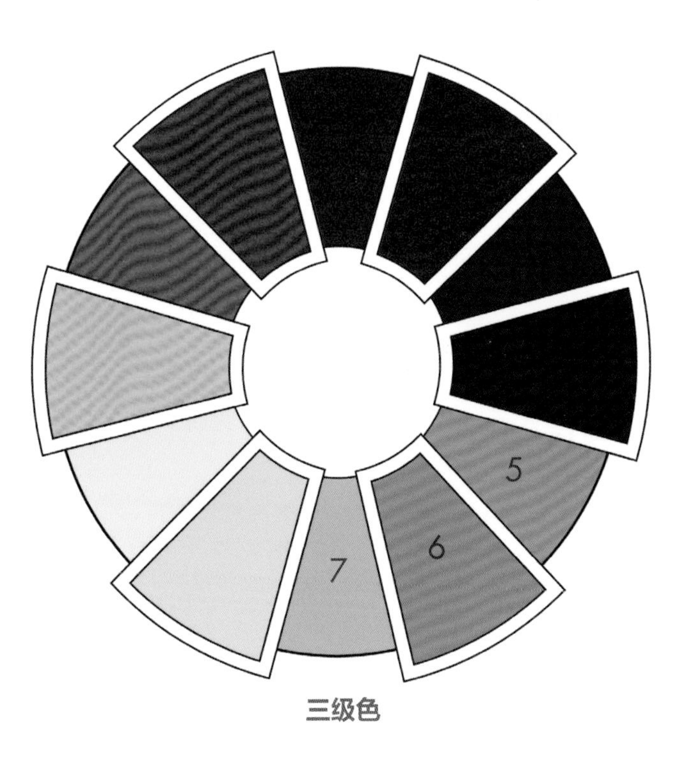

三级色

空白色

黑色和白色不被看作调色板上的色彩。黑色可以通过混合红黄蓝三色制成。尽管如此，混合出黑色来还是很困难的，要求混合大量的其他颜色，比较浪费，因此还是买一瓶黑色色素比较实际。

如何给糖霜染色

1 在混合色素之前，确保所有的糖霜原材料都完全混合均匀。

2 用牙签蘸取色素，加少量的色素在糖霜里。如果色素是管状的，挤出一部分色素放入糖霜里。

3 混合到没有有色条纹，颜色均匀就可以停止了。如果调出的颜色太深，加一点白色糖霜；如果颜色太浅，就再加一点色素。

小贴士

- 染色的时候多留出一部分糖霜。因为每次调好的颜色都是唯一，如果用完了就很难再重新调和出一模一样的颜色了。
- 为了避免糖霜颜色太深，先给少量的糖霜上色，然后将这部分糖霜加入到剩下的未染色的糖霜中，这样调和起来更容易。
- 当制作比较特殊的颜色的时候，先用一小部分做个实验，再将其他的进行染色。这样可以避免出现大量错误的颜色，从而浪费原料。

1

2

3

给糖霜加入香精

可以通过加入增味剂的方法改变或加强糖霜的味道。香精可以代替乳状的浓缩增味剂或油。浓缩香精是普通香精剂量的3倍，所以通常加入配方的1/3就可以了。有的增味剂会影响糖霜的颜色，所以在选择香精的时候尽可能地选择无色的增味剂。如果买的是加工好的糖霜，那只需要加入增味剂，再尝一尝味道即可。如果从头开始做糖霜，那记得把原本配方中的香精味道统一替换成你所想做的味道。同样，先从少许糖霜开始试验，试验没问题再应用到全部糖霜中。

小贴士

有些原材料或者香精带有酸性物质，比如柠檬酸等，这种酸性物质会轻微改变原料颜色。

如何使用裱花袋、锥形纸袋、挤压瓶

裱花袋、锥形纸袋、挤压瓶可以用来装糖霜。裱花袋和锥形纸袋相对来说更容易控制流量，适合手握。锥形纸袋是用三角形的油纸做成的圆锥形，如果没有花嘴支撑，或者没有连接器，尖角部分可能会往里折进去，用连接器可以方便地更换裱花嘴而不用换一个新裱花袋。用锥形纸袋或一次性裱花袋比较简单，只需要剪掉袋子顶端，去掉尖角就可以了，清洁的工作也是只需要清洁裱花嘴。挤压瓶对小朋友来说，在给饼干做装饰的时候是非常好用的工具。挤压瓶一般可以用来挤压流质糖霜。但如果糖霜太黏稠，比较难挤出来的；如果流质糖霜太稀，倒是很容易挤出来，但是很容易从装饰好的饼干上滴下来，涂好的糖霜边缘也很容易塌陷。在挤奶油糖霜和蛋白糖霜时，裱花袋或者锥形纸袋就是必须的了，因为这类糖霜对挤压瓶来说太硬了，挤压起来很费力。

填充挤压瓶

用带嘴的碗混合糖霜或者融化的糖衣涂层，再把它们倒入挤压瓶，扭紧盖子，如果开口太小的话可以略微剪掉盖子顶部的一小部分。

1

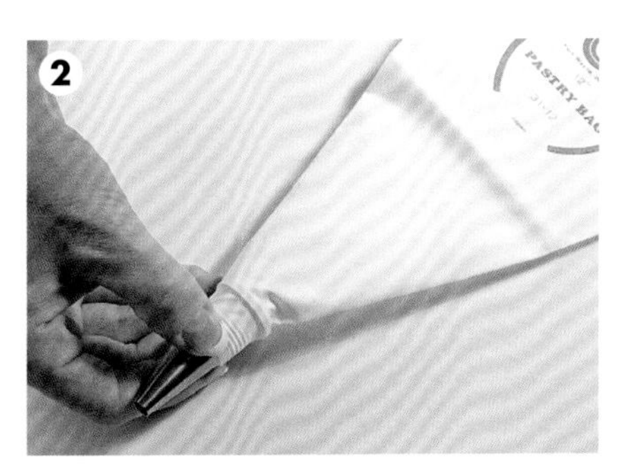

2

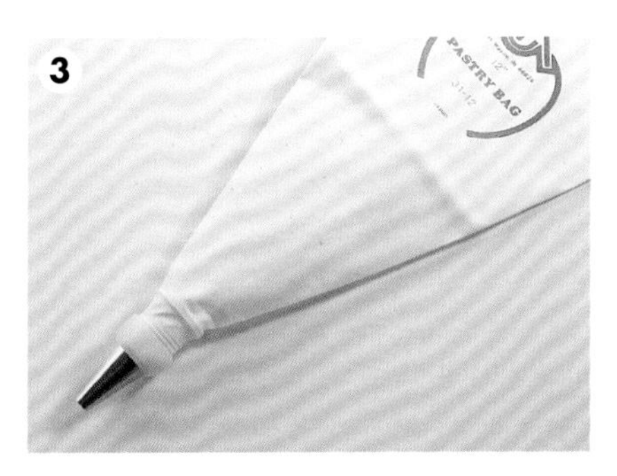

3

如何连接裱花袋和连接头

1 把非一次性使用的裱花袋尖头剪掉，出现两条边。把连接器放入裱花袋，放到底使连接头一部分露出来。用力拉连接器使其稳固。

2 选一个待用形状的裱花嘴接上连接器。

3 转动连接器，拧紧顶端，稳定连接器。

如何使用没有连接器的裱花袋

若没有连接器，裱花嘴可能会掉下来，在距离底部1/3处剪掉袋子，让裱花嘴伸出裱花袋，使其更稳固。

1

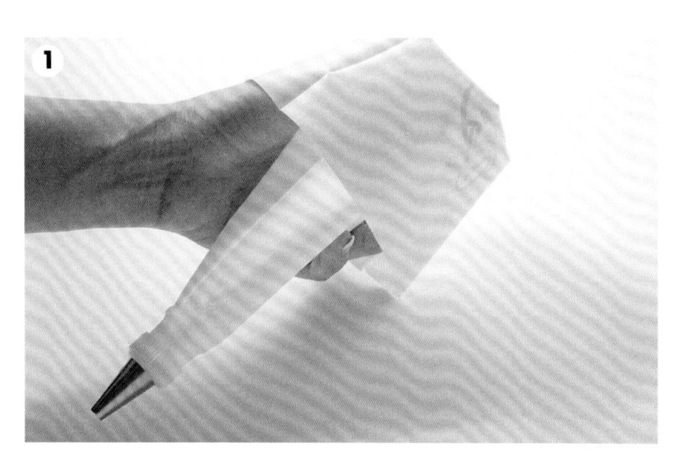

3

2

4

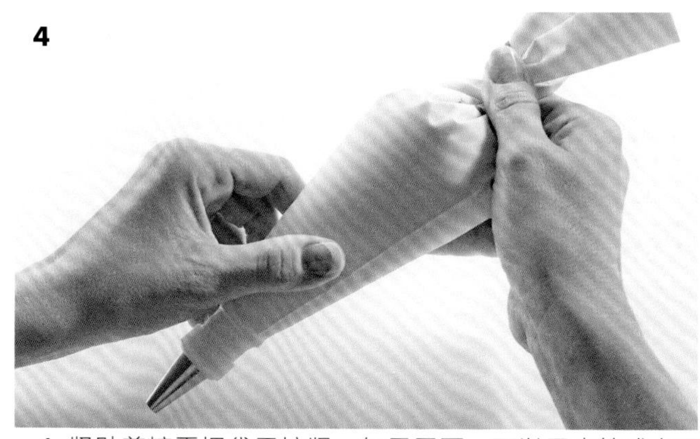

如何填充一次性和非一次性的裱花袋

1 把裱花嘴放入烘焙袋，用力拉，使其固定。可以依照P55的步骤装上连接器。把烘焙袋折下来盖住手，形成一圈翻边，尺寸5.1～7.6厘米。简单点的话，可以将袋子放在一个高脚酒杯里，或者裱花袋支架上。

2 把糖霜舀进袋子，直到糖霜装至翻边边缘。建议刚开始操作的时候装约一半就可以了，袋子越满，挤出的时候就越难控制。

3 把翻边翻上来，轻轻用大拇指和食指挤压袋子，把糖霜推向袋子底部。

4 紧贴着糖霜把袋子拧紧。如果需要，可以用皮筋或专用的拧绳固定，确保糖霜不会因为用力挤压从袋子顶部爆出来。

小贴士

每次装满裱花袋的时候都会有一些气泡跟着一起被装进去。在挤压裱花之前，轻挤压裱花袋释放出气泡，否则气泡会破坏连续的图案，非常难看。

如何做锥形纸袋

半成品的三角形油纸很容易买到，用这些三角形油纸可以制作锥形纸袋，质量轻，价格便宜，而且是一次性的，可以用完就扔掉，不用清洁，节省时间。如果锥形纸袋做得好，甚至不需要连接圆形裱花嘴，因为锥形纸袋本身顶端剪掉之后就是一个很完美的圆形。需要的圆形大一点就往远离顶端的方向多剪掉一部分，如果需要的圆形比较小就可以少剪掉一部分。

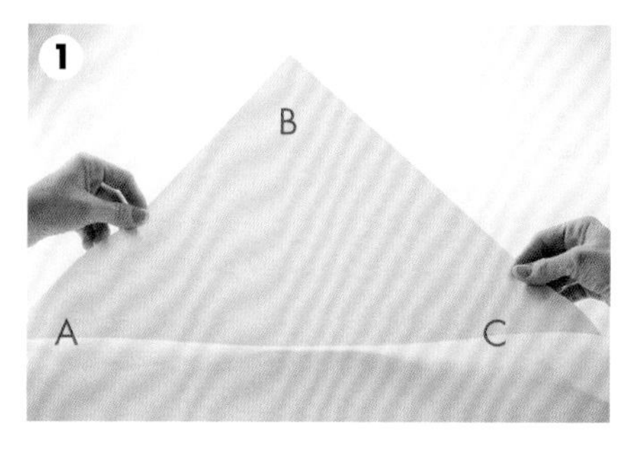

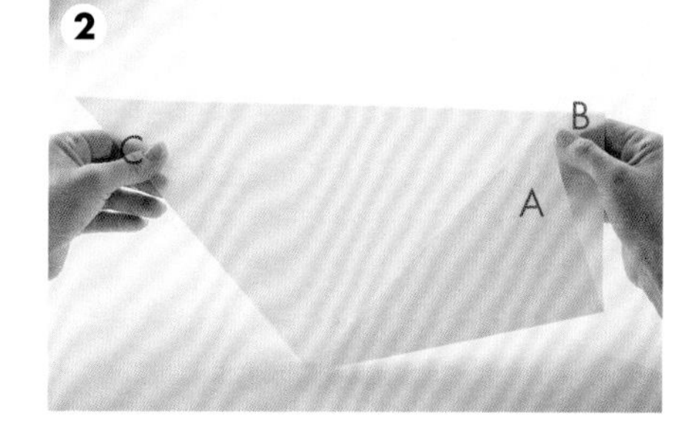

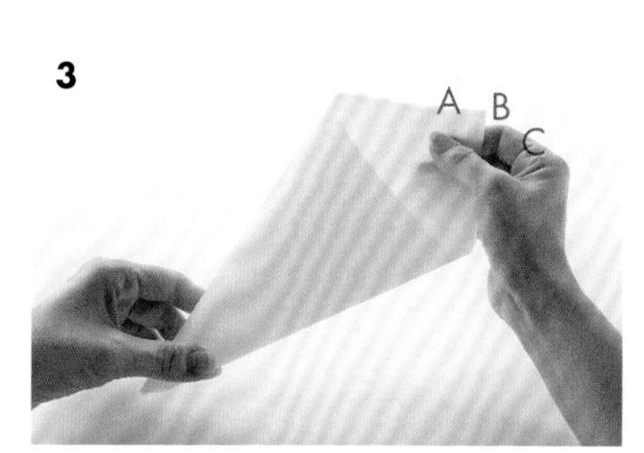

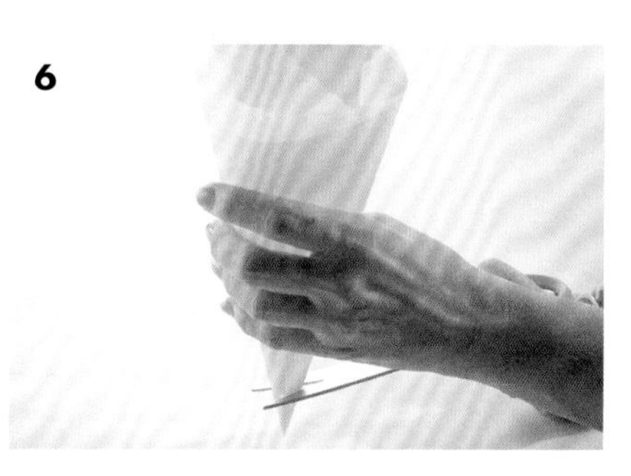

1 三角形油纸被标记上ABC三个角。

2 AB两角对叠，并转动形成一个锥形。

3 CB两角对叠，保持锥形刚刚形成的尖角，使ABC三点尽量重合，用一只手将其捏在一起。

4 如图将AC两个角轻轻错开形成W的样子，并确保整个圆锥缝隙都重合，这样填充物就不会漏出去。交换AC两角的位置，使整个圆锥更紧。

5 如图翻折ABC三个角，并用胶带粘起来。

6 剪掉锥形的顶端，确保剪掉之后形成的圆头足够大，可以露出1/3的裱花嘴。

7 剪掉尖角，放进裱花嘴，如果裱花嘴超过1/3的部分露在外面，那么裱花嘴很有可能会在挤压的时候掉出来。

如何将糖衣装入锥形纸袋

1 握住锥形纸袋，仅装入一半量的糖衣。

2 用拇指和食指挤压袋子，使糖衣填满袋子底部。

3 折叠左侧，然后折叠右侧，再从中间一起折下来，然后继续一折一折地翻折边缘，折至糖衣边缘折不动为止。

1

2

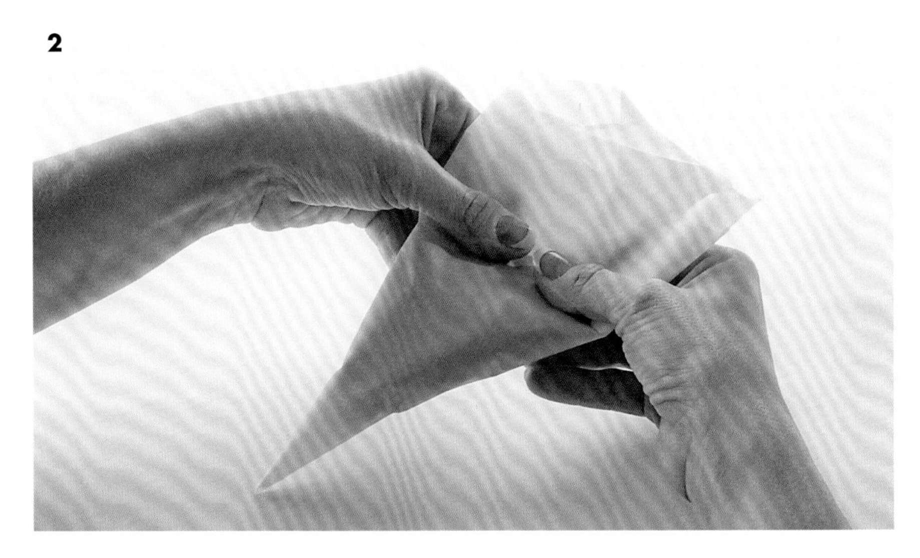

3

如何握裱花袋

纵观全书，基本上按照配方指示就可以指导你用不同的角度正确地握住裱花袋。最常用的角度是45°和90°。为了控制糖霜，要用你的惯用手紧握裱花袋，总之就是用你觉得更方便的那只手。然后用另一只手的食指指尖来引导裱花袋移动的方向，一边挤压一边引导。

45°角经常在制作轮廓、填充轮廓、画线条或写字的情况下使用。

90°角比较适合制作点状图形，如球状、花和其他一些非连贯性的图形。

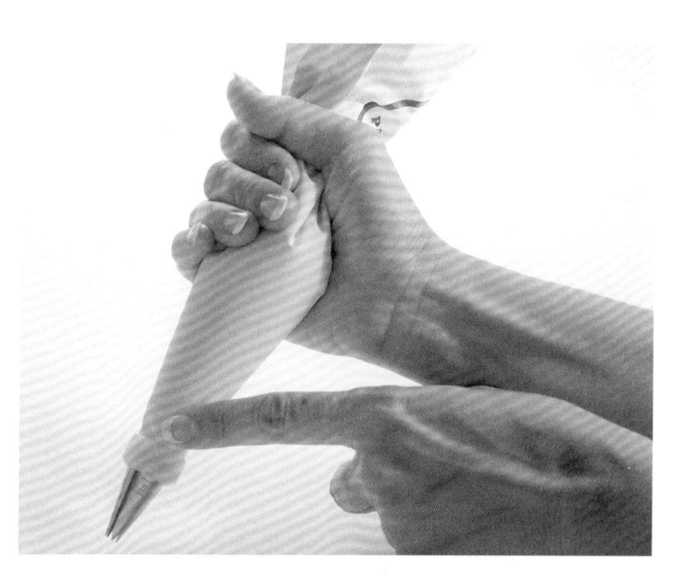

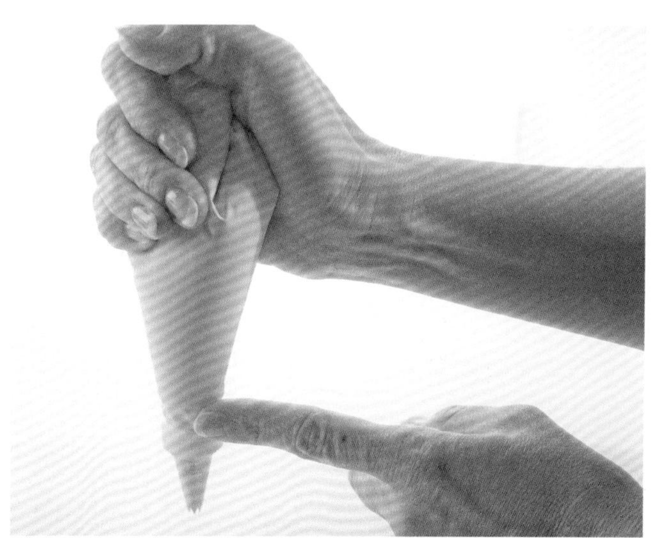

小贴士

装入糖霜的裱花袋如果长时间不使用，要在开口处盖一块湿布，或者使用专用的盖子，可以防止糖霜变硬变干。

使用裱花袋的关键在于掌握好挤压的力度，挤压不同的图形使用的力度是不一样的。在多数情况下，保持一个稳定一致的力度就基本上可以制作出很好看的装饰。图片上显示的是用10号裱花嘴做出的圆点，分别展示了在用同样的裱花袋和裱花嘴的情况下，轻微用力、中等用力和用大力挤出的圆点的大小差别，供参考。

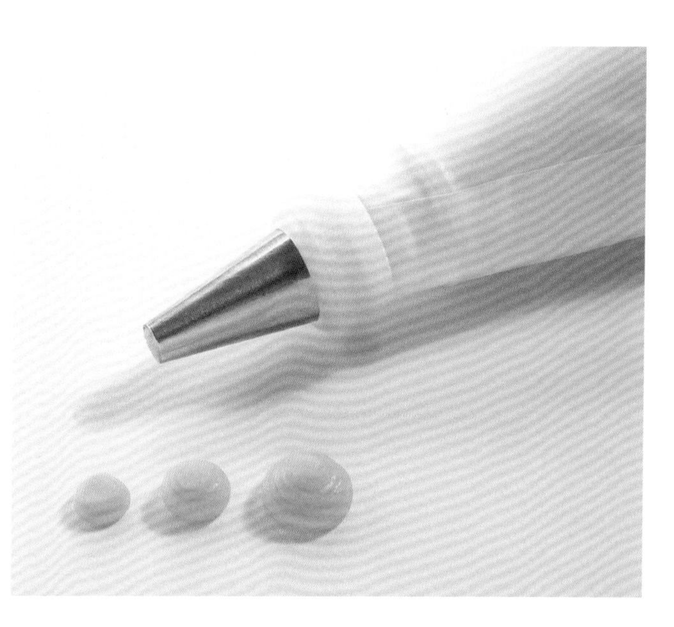

蛋白糖霜

蛋白糖霜通常有三种用途。第一种，也是最常用的是制作流质糖霜：取适量蛋白糖霜加水稀释，做成有釉面质地的流质糖霜。流质糖霜是一种具有较之蛋白糖霜淡一些甜味的稀薄质地的糖霜，用这种糖霜进行装饰，会形成紧致光亮的表面，表面虽然是硬质的但是咬起来口感适中，不软不硬。第二种用途是画轮廓，以备下一步用工具进行更精细的设计，如刷印花、裱花纹等。蛋白糖霜的第三种用途是当作胶水粘连组合饼干的几个部件，如房子形饼干，可以做出像P63里那种能立起来的饼干或者其他立体饼干。

本书中的两个蛋白糖霜的配方都使用完全打发的、质地比较松软的糖霜。也可以使用市面上售卖的成品糖霜混合物，这样更方便。还可以将蛋白糖霜粉末加水，高速搅打几分钟，做出合格的蛋白糖霜。混合碗和搅拌工具需要擦干净，不能有任何污点和油脂。装蛋白糖霜的碗或者装好蛋白糖霜的裱花袋顶暴露于空气的部分最好盖一块湿巾，否则糖霜会很快变干。用蛋白混合而成的蛋白糖霜应当在当天就用完，不然会变质。用调和蛋白糖霜粉混合而成的蛋白糖霜和市售的蛋白糖霜可以在密封的容器中放几天。把糖霜放入冰箱冷藏会延长保存时间长达两周。糖霜的黏稠度有可能会因为放置的时间而发生变化。随着储存时间的增加，水分蒸发出来，导致糖霜变硬，也可能会因为水分蒸发掉而出现干裂的现象。为了达到合适的黏稠度，混合蛋白糖霜的时候，充分混合就显得格外重要了。如果使用流质糖霜，需要现做现用，若糖霜太硬，可以加点水混合均匀。若需制作精细的糖霜花纹，可以选用2号裱花嘴或更小的尺寸。当然，最好使用新鲜的蛋白糖霜。任何粉末的配料，如蛋白糖霜粉，在使用前都应该过筛。

蛋白糖霜本身就有甜味，如果想要增加其他的味道，可以加入增味剂。调和味道的时候慢慢加入，每次加入一点，直到达到你想要的味道，不要一下子全部加进去。水基或酒精基的调味剂是最好的。蛋白糖霜混合好后，再加入颜色或者增味剂。如果糖霜里需要加水，那么调好颜色和味道之后再加入水。若加入的增味剂或颜色已经稀释了蛋白糖霜，这时加入糖粉还可以将糖霜还原到原来的浓度。

小贴士

为了避免鸡蛋中沙门氏菌的风险，可以用干蛋白。干蛋白可以在烘焙商店买到，是一种加水可还原成蛋白的原料。

蛋白糖霜配方—用蛋白糖霜粉制作

- 60毫升蛋白霜粉
- 2.5毫升塔塔奶油
- 160毫升水
- 888克糖粉，过筛
- 15毫升阿拉伯胶

1 将蛋白霜粉、塔塔奶油、水混合入碗中，用打蛋器高速搅打至直立尖角产生。

2 在另一个碗中混合糖粉和阿拉伯胶，彻底混合均匀后加入到蛋白霜粉中。低速搅打至所有配料充分混合均匀，然后高速搅打几分钟直到直立尖角产生。

3 将打好的糖霜用湿巾盖好，用的时候再打开，避免糖霜暴露在空气中脱水变干。

4 最终生成1.2升糖霜

蛋白糖霜配方—用鸡蛋蛋白制作

- 450克糖粉
- 3个大鸡蛋蛋白，室温
- 0.5毫升塔塔奶油

1 糖粉过筛，蛋白打入碗中。

2 混合塔塔奶油和糖粉。

3 将所有配料混合均匀，用打蛋器高速搅打至直立尖角产生。

4 将打好的糖霜用湿巾盖好，用的时候再打开，避免糖霜暴露在空气中脱水变干。

5 最终生成625毫升糖霜。

浓度

下面的3张图给大家展示的是不同蛋白糖霜的浓度搭配不同的工具和方法所呈现的不同效果。当糖霜的浓度超出或低于图片展示的效果的时候，可以用其他方法。每张图片中使用的工具是一样的。最左边的状态是用硅胶铲抹平的效果。左起第二个漩涡的形状及心形轮廓或填充使用的是1.5号裱花嘴，水滴花形状可以用224号裱花嘴制成。每个章节中介绍的蛋白糖霜配方都会说明加水的量，加入水的时候，用手慢慢搅拌，以防止混入太多空气。

蛋白糖霜—高浓度（坚硬和中尖角）

通常用刷子装饰印花图案时要用打发到直立尖角或者中度直立尖角状态的蛋白糖霜，如P142。制作挤出的水滴形花，可以参照P95。成形的尖角的意思是糖霜可以自己保持住形状，将打蛋器从糖霜中提起的时候可以拉出直立的尖角。能打出直立尖角的蛋白糖霜会比较浓稠，较难从裱花袋中挤出来。如果要用裱花袋挤压蛋白糖霜，那么打发到中度直立尖角的状态即可，这样比较容易挤出来。用中度打发的蛋白糖霜做精细裱花的孔状装饰，如P136，或者动物毛发的形状，如P138。中度打发的蛋白糖霜会呈现比较膨松的状态，但是坚挺度稍差，拉起的尖角顶部会发生弯曲，并不能自己直直地立住。如果没有主动挤压，中度打发的蛋白糖霜是不能从裱花袋中流出来的。

蛋白糖霜—中度浓度

将混合的蛋白糖霜根据配方完全打发。一旦打发到能拉起直立的尖角的状态时，加水使其恢复到中度浓度。加水的时候一次加一滴，直到糖霜达到想要的浓度。这种浓度的蛋白糖霜可以用来做流质糖霜，如P64。在做非常精细的线条和微小的细节图的时候如果使用这种糖霜，轮廓和线条会变得不清晰，做出来的水滴形花也不清晰。如果轻轻地挤压，中度打发的蛋白糖霜可以自己缓缓从裱花袋中流出。

蛋白糖霜—低浓度

将混合后的蛋白糖霜根据配方完全打发，加入数滴水直至达到希望的稀薄程度，检测方法为将刮板从糖霜中抽出，糖霜可以顺着刮板滴下来。这种黏稠度的蛋白糖霜是用来填充翻糖的空隙的，如P110所示。在没有挤压的情况下，这种蛋白糖霜可以从裱花袋里自己流下来。

1

3

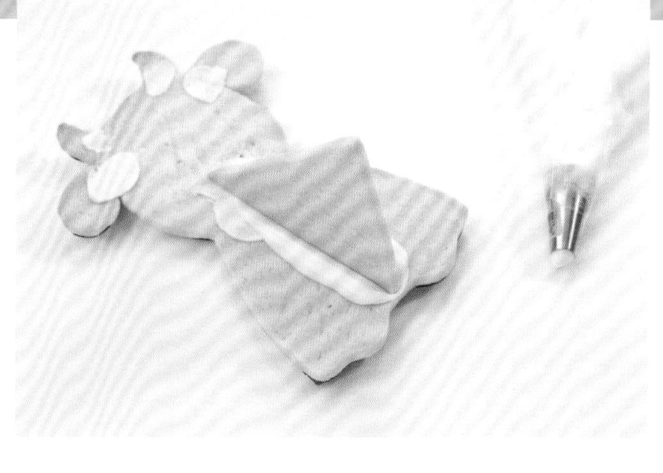

2

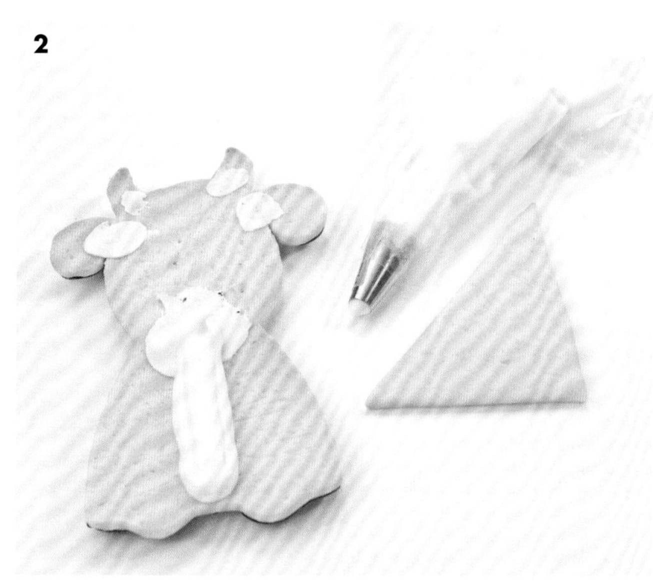

4

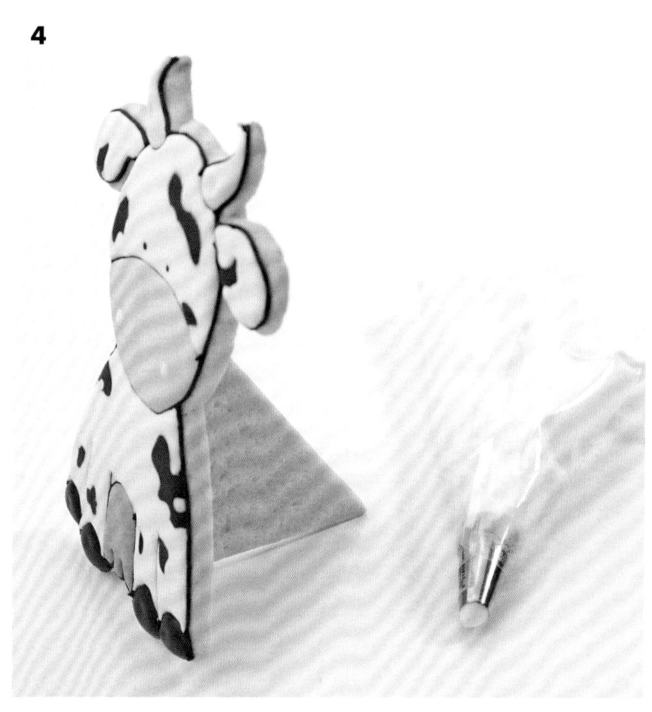

用蛋白糖霜粘贴立体饼干

几乎所有的饼干都可以做成立体饼干，这时候你需要一个合适的三角支架。

1 依照你想要的设计烘烤并装饰饼干，并烘烤一个三角形饼干，放凉备用。

2 用10号裱花嘴装好裱花袋。把充分打发的蛋白糖霜装入裱花袋，挤压一块蛋白糖霜在烤好并装饰好的饼干背部。

3 把三角形饼干粘在饼干背部。

4 直立饼干。蛋白糖霜要足够打发，干了以后才可以保持一定的硬度，从而使饼干立起来。直立之后不要马上走开，关注几分钟，确保饼干没有慢慢歪倒才算完成。如果糖霜太稀了，不具备应有的硬度，三角形饼干也会从饼干上滑下来，饼干就立不起来了。如果歪倒了，也不是不可以补救，再多加一点糖粉在糖霜里，混合均匀后再试一次吧。

流质糖霜

流质糖霜是糖霜装饰饼干中最常用的糖霜之一，很多流质糖霜装饰饼干一直占据着众多杂志的封面。流质糖霜是由高浓度的蛋白糖霜稀释而成的，流动性强，能形成均匀的釉面质感。这种糖霜的甜度一般都不高，干燥之后会形成磨砂质感的表面，一口咬下去会有脆脆的感觉，有马卡龙的质感。因为这种糖霜干燥的时间比较长，需要好几个小时甚至隔夜。所以用这种糖霜装饰的饼干储存和运输都需要格外小心。

保存流质糖霜的时候记得一定要在盛糖霜的碗上盖一张湿巾，以免流质糖霜表面因脱水干燥而变脆。流质糖霜在碗里或者裱花袋里放置几个小时是没问题的。但尽管如此，随着水分的蒸发，糖霜的浓度会发生变化，可能因为脱水变干裂开。如果糖霜变稠或裂开，把糖霜从袋子中取出、搅拌，视情况需要加入少许水。装在袋子里的糖霜顶部，即暴露于空气中的部分要用湿巾盖住，防止变干。做完的当天，把剩下的糖霜挤到碗里，用密封盖盖好。室温下可以保存1周，放入冰箱里可以保存几周。

记住，流质糖霜一遇到空气就开始变干，所以用流质糖霜填充轮廓时要尽量快一点，不然先流出的糖霜会先变干，由于糖霜定形时间不同步，表面会有不平的情况产生。

当饼干装饰好后，在烤架上或工作台上放置几个小时。还未完全晾干的时候尽量仔细移动饼干，因为移动可能会造成微小的裂痕。如果晾在托盘上，用尽量小的动作整体移动托盘，效果会好一些。

稀释蛋白糖霜制作流质糖霜

流质糖霜是用蛋白糖霜粉加水制成的，动手轻轻地加少量水到蛋白糖霜里搅匀。若搅拌太用力或放在搅拌器里搅拌会混入大量空气，导致糖霜中产生气泡，很容易造成装饰表面因气泡破裂而不平整。所以一次加入足够量的水，以达到稀释的目的。挤出糖霜的时候，糖霜会在7~10秒变光滑。流质糖霜的黏稠度应该像蜂蜜的样子。

选用流质糖霜画饼干轮廓，然后迅速地填充这个轮廓并制成一个浑然一体的装饰饼干，不至于形成轮廓很明显的样子。轮廓和填充物颜色可以不同，但轮廓和填充物的黏稠度应当是一样的。尽管一些设计师更喜欢用硬质的糖霜画轮廓再用稀薄一点的糖霜做填充物，但作者更倾向于用同样浓度的糖霜来做轮廓和填充。这样可以简化混合糖霜和清洁的过程，并且防止两种不同浓度的糖霜互相渗透导致边缘部分有融化的现象，导致饼干表面不够美观。

小贴士

用带有直角边缘的碗或者有尖嘴的碗会使装挤压瓶和裱花袋的过程更简单。

1 根据配方说明混合蛋白糖霜，蛋白糖霜应该完全打发。如果需要的话，在这一步加入食用色素。

2 在蛋白糖霜里加入几滴水，轻轻地用刮板将水混合到糖霜里，不要搅拌。继续加入几滴水直到蛋白糖霜的浓度达到像蜂蜜那样的浓度。舀一勺稀释过后的流质糖霜到油纸上。

1

2

3 用刀从糖霜中心划过，糖霜应该可以保持这个形状，并在7~10秒恢复光滑的表面。如果糖霜太浓稠了，糖霜会被清楚地分开，那么再加一点水重新用这个方法检测糖霜是否达到了目标的浓度。如果糖霜太稀，就加入一些糖霜或糖粉使糖霜变得黏稠一些。

4 当糖霜调配到合适的浓度，舀入裱花袋。裱花袋支架是一个非常好用的工具，在装糖霜的时候可以一直支撑着裱花袋，腾出双手。这里也可以用高脚酒杯代替裱花袋支架。裱花袋装满后，把裱花袋角进行翻折（见P55）。如果在不挤压裱花袋的情况下有糖霜流出来，那就说明糖霜太稀了，应该再浓稠一点。

3

4

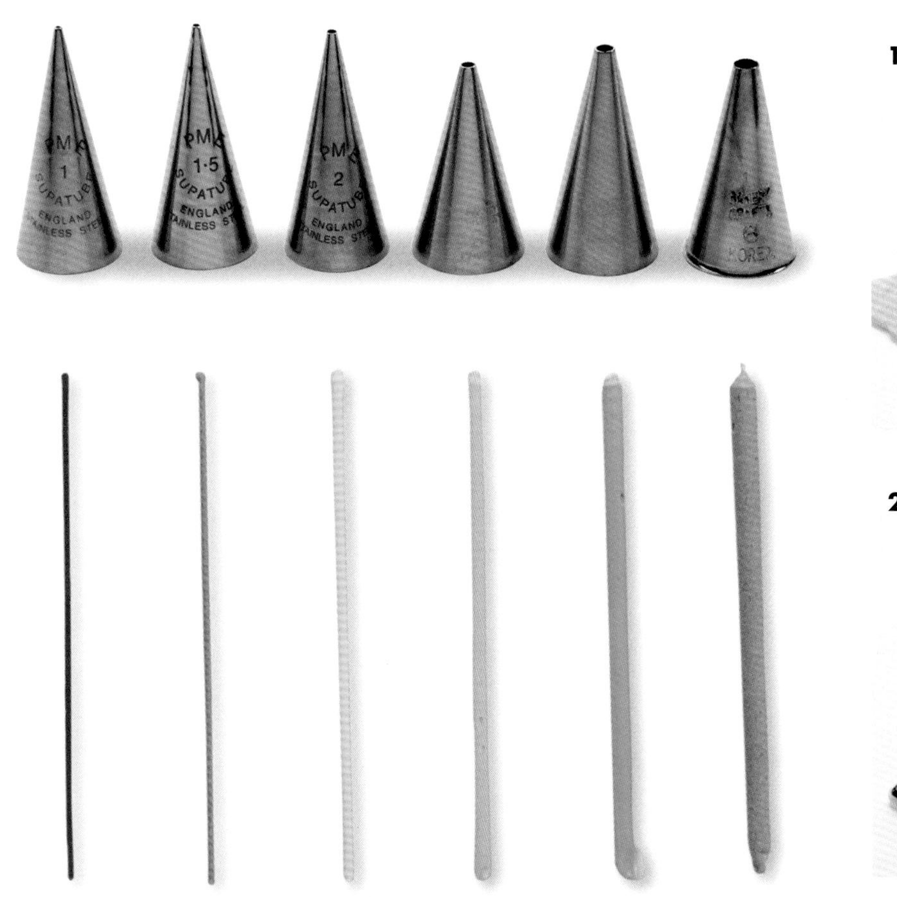

1

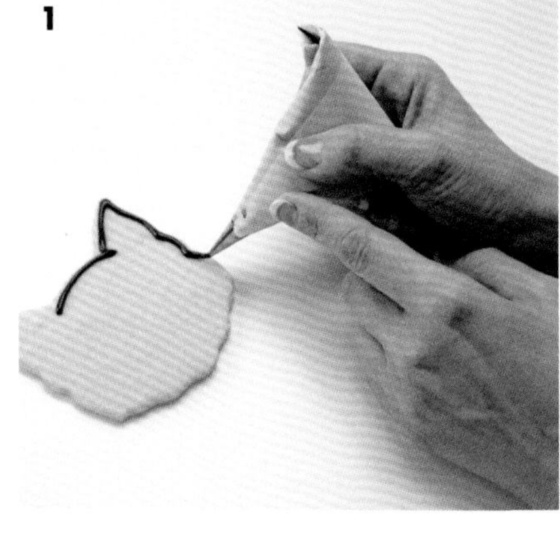

2

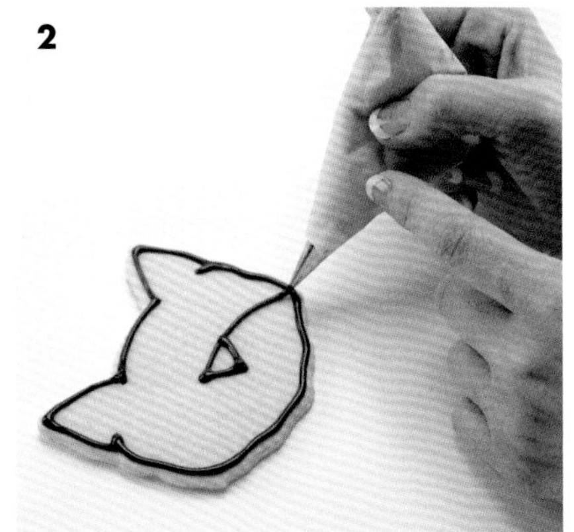

选择合适的装饰方法和轮廓绘制方法

饼干的大小决定了应该使用多大尺寸的裱花嘴，下面这些裱花嘴就能满足大部分装饰的需求。如果需要制作很细的轮廓或者特别复杂的图案的时候，可以使用专用的装饰裱花嘴。

直径小于5.1厘米的饼干：1号（挤出左一如红色糖霜般大小的线条）或1.5号（挤出左二如橘红色糖霜般大小的线条）。

直径在5.1～7.6厘米之间大小的饼干：1.5号（挤出左二如橘红色糖霜般大小的线条）或2号（挤出左三如黄色糖霜般大小的线条）。

直径7.6～10.2厘米之间大小的饼干：2号（挤出左三如黄色糖霜般大小的线条）或3号（挤出右三如绿色糖霜般大小的线条）。

直径在10.2～15.2厘米之间大小的饼干：3号（挤出右三如绿色糖霜般大小的线条）或4号（挤出右二如蓝色糖霜般大小的线条）。

用流质糖霜描画颜色突出的轮廓

1 把小的圆形裱花嘴，如1.5号或2号裱花嘴装在裱花袋上。裱花袋中装好流质糖霜。用惯用手以45°角握住裱花袋，用另一只手的食指引导，将裱花嘴靠近饼干，慢慢将糖霜挤压到饼干上。当糖霜完全落到饼干上之后，继续挤压一下并慢慢提起，画好饼干的轮廓。在画轮廓的时候，裱花嘴应该紧挨着饼干表面，直到轮廓画完。当涂抹比较尖的角度时，裱花嘴也要紧贴着饼干涂抹。

2 用上面的方法画完整个轮廓，过几分钟等糖霜晾干。

3

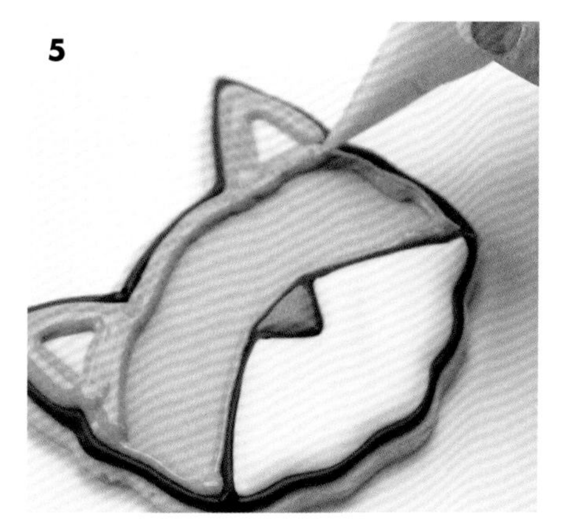
5

4

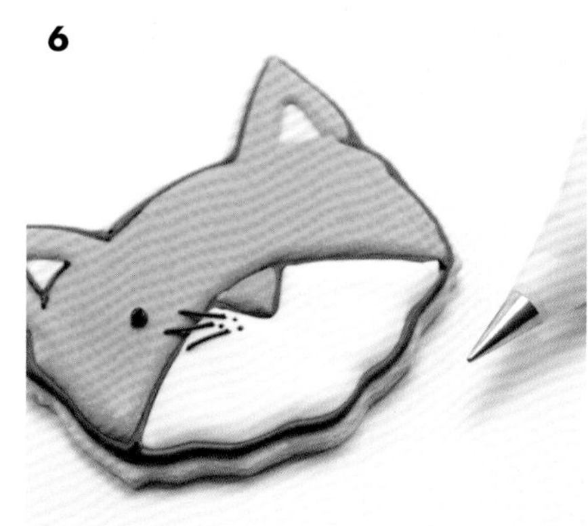
6

3 若画轮廓的糖霜和填充轮廓的糖霜不是同一种颜色，用3号或4号裱花嘴，或者将裱花袋或锥形纸袋剪一个小圆口替代。依照上面画轮廓的方法用不同颜色的流质糖霜沿着第一层轮廓内部边缘挤压第二层轮廓，再将第二层轮廓填满，尽量不要留下任何空隙，否则糖霜可能会自己融合到一起，这个过程中很可能会包裹进一些空气，会在糖霜表面形成凹坑。

4 填充尖角度图形的时候，可以用牙签做引导。另外牙签也可以用来消除小气泡，小气泡可能会在填充轮廓后马上升到糖霜表面，产生凹洞在糖霜完全干燥之前用牙签戳破气泡，以避免更大的凹洞产生。

5 用异于轮廓的颜色填充轮廓。同样，用牙签引导糖霜填充尖角的部分。

6 如果需要描绘非常细致的轮廓，可以先静置饼干数小时，再用其他的颜色描绘。如果需要比较精致的图案，请参考P74如何用蛋白糖霜描画细节图。饼干完全晾干需要几个小时甚至隔夜，在这之后再进行打包或者上架售卖。

小贴士

- 如果糖霜表面不平整，并且填充轮廓后还可以清晰地看出来，那么糖霜就有点太厚了。糖霜是流动的，将做好糖衣的饼干放在手掌上，轻拍手背，使糖霜变平整。如果还有一些褶皱，将糖霜从裱花袋取出，加入一点水稀释糖霜，然后再装饰下一个饼干。
- 用糖霜填充轮廓的时候，用剪口的锥形纸袋比起用裱花嘴，更能节省清洁的时间。锥形纸袋开口大小约为3号裱花嘴的大小，用这个大小画轮廓线跟用3号裱花嘴效果差不多，适合用来装饰较小的饼干。填充较大饼干的轮廓时用4号或5号裱花嘴会更方便。

如何装饰没有轮廓的饼干

1 装好1.5号或2号裱花嘴，装好流质糖霜。用惯用手以45°角握住裱花袋，用另一只手的食指引导，将裱花嘴靠近饼干，慢慢挤压糖霜到饼干上。当糖霜完全落到饼干上后，继续挤压一下并慢慢提起裱花嘴，画好饼干的轮廓。画轮廓时，裱花嘴应该略高于饼干表面，几乎接触到饼干直到轮廓画完。裱花嘴应该只在将糖霜贴在饼干上时和轮廓画完，做结束点的时候触碰到饼干。

2 依照前面的方法，在第一道轮廓内画第二道轮廓。

3 继续填充形状。尽量不要留下任何空隙，否则糖霜可能会自己融合到一起，这个过程中很可能会包裹一些空气，会在糖霜表面形成很难看的凹坑。

4 涂抹相邻颜色的糖霜。相邻颜色的糖霜可以在涂完一种颜色后立刻描绘，这样可以一起晾干，成为完整的光滑的表面。也可以先描绘一种颜色，晾一两个小时至干，再描绘另一种颜色，这样画完的表面有立体感。

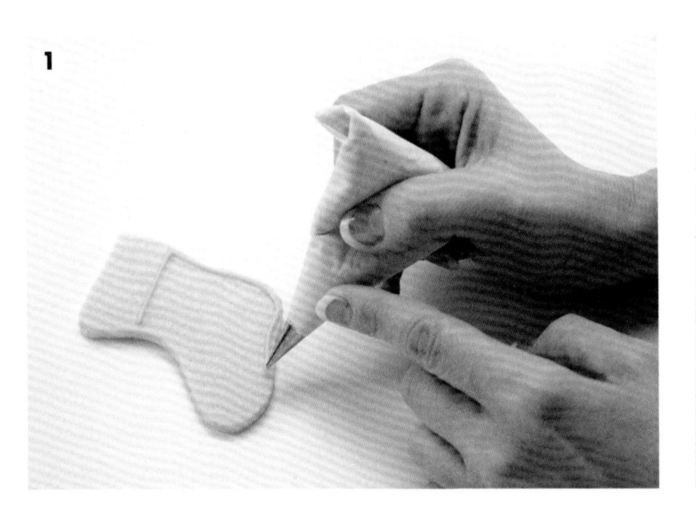
1

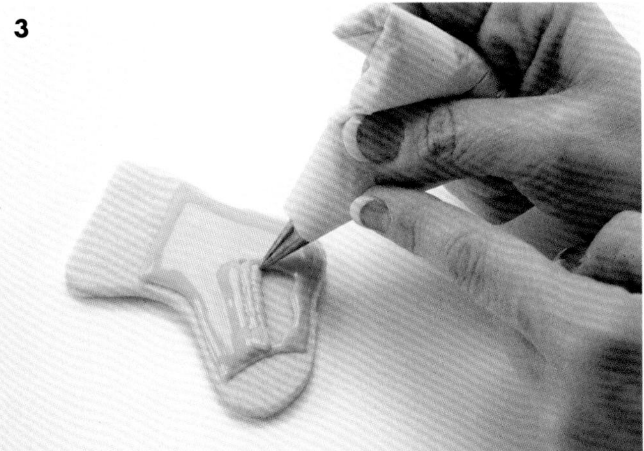
3

2

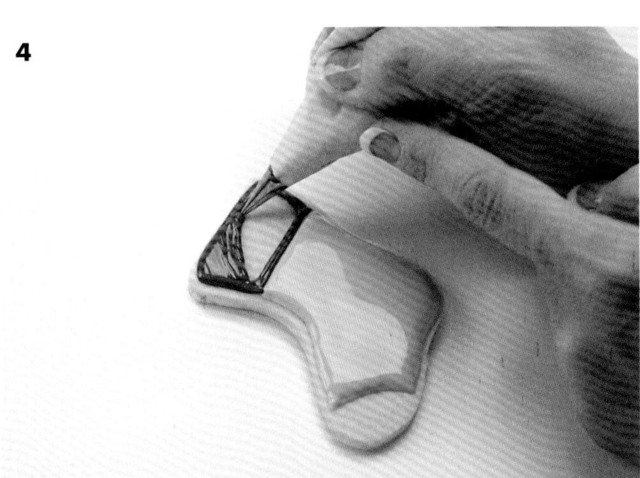
4

5

6

5 用牙签引导着填满装饰中角度比较窄的部分。另外，牙签还可以用来消除糖霜表面的气泡。

6 细节图案可以在完成轮廓和填充后马上做，也可以在糖霜晾一两个小时后再做。趁着背景糖霜还未完全干的时候立刻描画细节部分可以使这部分颜色融入原有的颜色里（比如左边图片，袜子饼干上的白点），这样可以做出一整块表面平整光滑的糖霜饼干。在背景糖霜晾干一两个小时之后再添加细节部分的描画会增加饼干的立体感（如右边图片，袜子饼干上的凸出白点）。更多关于描绘细节的方法，请参照P74的内容。饼干完全晾干需要几个小时甚至隔夜，在这之后再进行打包或者上架售卖。

如何制造流质糖霜饼干的光影部分

1 依照前面的步骤完成糖霜的装饰部分，留出充分的时间待流质糖霜完全定形。

2 用刷子在需要的地方刷上粉末。图2是用于描画脸颊红润光泽的花瓣粉。花瓣粉会呈现出一种朦胧的哑光效果。有光泽的粉末能呈现亮闪闪的感觉。更多有关粉末的知识请参考P39和P130。

1

2

如何保存用流质糖霜装饰过的饼干

通常，待流质糖霜装饰饼干完全晾干（至少24小时）后可以放在盘子里或者玻璃纸袋里保存。

如果当天没有吃完，可以把它们放在密封的容器中，能保质长达10天。如果容器比较大，也可以堆叠摆放，中间需要用油纸进行分隔。

常见问题解答

- 饼干产生污点。随着保存时间的加长，饼干中的油脂会慢慢析出，显示在流质糖霜表面，这会导致饼干表面出现油点。饼干配方中通常含有比较高的油脂，如酥饼，就可能会导致油斑。本书中的饼干配方对于流质糖霜来说都是很适用的。
- 湿度也可能造成斑点。用流质糖霜装饰的饼干并不适合冷冻或冷藏。
- 裂痕。在用流质糖霜装饰的饼干还未完全干透的时候移动饼干，易使糖霜表面出现裂痕，所以应将装饰好的饼干放在工作台上晾干，大约需要几个小时。如果将饼干放在托盘上进行晾干，那务必用尽量小幅度的动作移动托盘，以免产生裂痕。
- 小气泡。装饰完成后的饼干表面可能会出现小气泡，要整在糖霜完全干透之前用牙签刺破这些小气泡，这样可以尽量减少气泡引起的表面不平整的现象。气泡可能是在稀释蛋白糖霜的过程中掺进去的。尽管制作蛋白糖霜时我们可以用电动搅拌器，但制作流质糖霜的过程中，搅拌器并不是第一选择，建议大家手动搅拌慢慢加入水，以控制加水量，这样也不容易混入空气。也要注意水不能加得太多，太稀的流质糖霜可能会包含更多的气泡。
- 表面凹点。填充轮廓的时候不要留空隙，否则糖霜会慢慢融合到一起，并且可能会包裹空气形成表面凹点。这些困住的空气在糖霜表面下会导致糖霜破裂形成凹点，凹点更容易在较小的区域里形成，所以填充轮廓时要多加注意。如果已经产生了凹点，在糖霜未完全干之前用牙签刺破气泡。
- 色带。染色的糖霜在没有混合均匀的情况下会产生细丝般的色带，确保混合均匀会避免这种情况的产生。
- 糖霜表面不光滑。这大多是糖霜太浓稠的原故，因为糖霜太浓稠流动性不好，形成的表面自然不会很光滑平整。加入一些水，略微稀释糖霜的浓度会减少这种情况的产生。另外，填充轮廓时用时太长也会造成表面不平整。这一点我们在前面提到过，因为糖霜一见到空气就开始变干，所以先被挤出的那部分糖霜自然先开始干燥，如果装饰时间太长，还没等全部填充完，前面的糖霜就干掉了。所以一定要多加练习，控制好填充轮廓的时间。
- 糖霜脱落。这是因为糖霜太稀了，加入少许蛋白糖霜或糖粉调整糖霜的浓度即可。
- 旋涡。如果裱花袋里的糖霜有部分分离的情况，可能会出现挤出旋涡的情况。流质糖霜若超过4个小时以上不会用到，就应该从裱花袋里取出来，放在密封的容器里。再使用的时候，只需要重新搅拌均匀装入裱花袋或者挤压瓶里就可以了。
- 渗色。当用两种不同颜色的糖霜做装饰的时候，特别是有较深颜色时，相邻颜色的糖霜可能会发生颜色互相渗透的现象。为了避免这种现象，务必确保两种颜色的糖霜浓度相同。如果发生渗色，我们一般会选择先用一种颜色装饰，待这个颜色的糖霜完全晾干后，再用另一种颜色进行装饰。湿度同样可能会导致颜色互相渗透的现象发生。
- 作者建议，在用糖霜进行装饰时，每用一层糖霜装饰完成后，都尽量使其完全干燥后再加入另外的细节。同时，确保流质糖霜不要太稀，否则会很难晾干。

大理石花纹流质糖霜

旋涡状的造型可以呈现动态的视觉效果。用牙签将未干的点状或线状糖霜往不同的方向划开，可以形成这种旋涡状的图案。用这种方法的时候，所需颜色的糖霜都要提前准备好。因为流质糖霜干得很快，一旦填充好轮廓，立即用较快的速度填充并画出细节图案，再用牙签划出图形，一会儿，糖霜表面就可以缓缓融为一体，整个糖霜最终会非常平整。很重要的一点是，在填充轮廓或大理石纹之前，一定要先待轮廓干透，否则糖霜会溢出。

一般说明

1 安装好1.5号或2号小圆头裱花嘴，并装好流质糖霜。用惯用手以45°角握住裱花袋，并用另一只手的食指引导方向。将裱花嘴顶部轻轻接触到饼干后挤压，使糖霜附着在饼干上，待糖霜全部附着在饼干上之后，继续挤压一下并提起裱花嘴，完成轮廓装饰部分。裱花嘴应垂直置于饼干上方一点点的位置描画轮廓。紧挨着饼干表面，顺着轮廓结束的方向切断糖霜。裱花嘴顶部只有在附着糖霜和轮廓结束的时候接触到饼干表面。静置一两个小时，待轮廓晾干变硬后就可以进行第2步了。

2 将用作背景装饰的流质糖霜装进裱花袋。另取一个裱花袋装入对比色的流质糖霜，备好。沿着第一层轮廓内侧，用背景色的糖霜画出第二层轮廓，继续填充形状，不要留有空隙，否则糖霜融合到一起，会产生少量气泡，造成饼干表面糖霜有凹点，很难看。

3 用对比色的糖霜在还未干的背景糖霜上挤出适合大小的圆点。

4 拿着牙签以90°角往不同的方向划开流质糖霜。如果有糖霜粘在牙签上，则垂直提起牙签，擦干净，然后继续重复之前的动作，直到完成想要的图案。把做好的饼干放在手掌上轻拍手背，并在工作台上轻轻拍一拍。饼干需要静置数小时或隔夜，再进行打包或上架售卖。

1

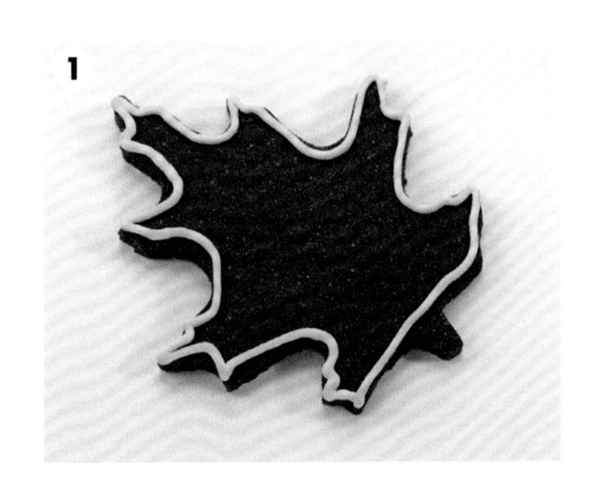

2

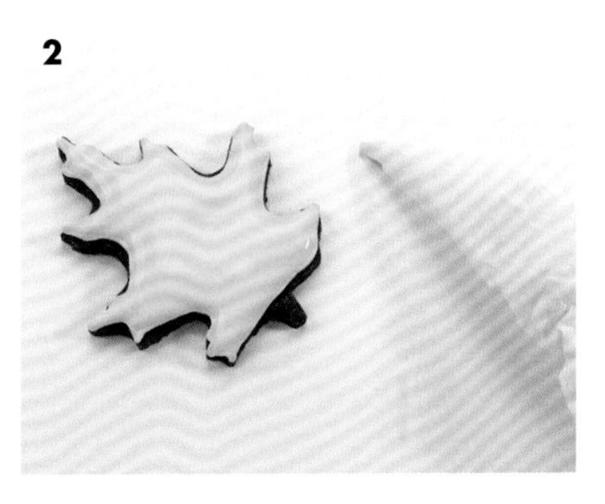

3

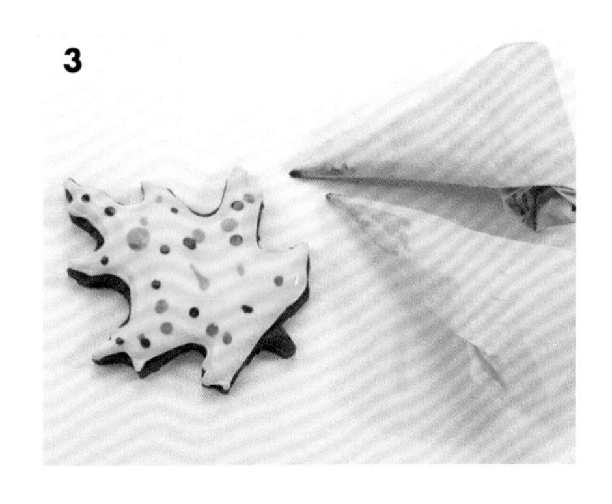

4

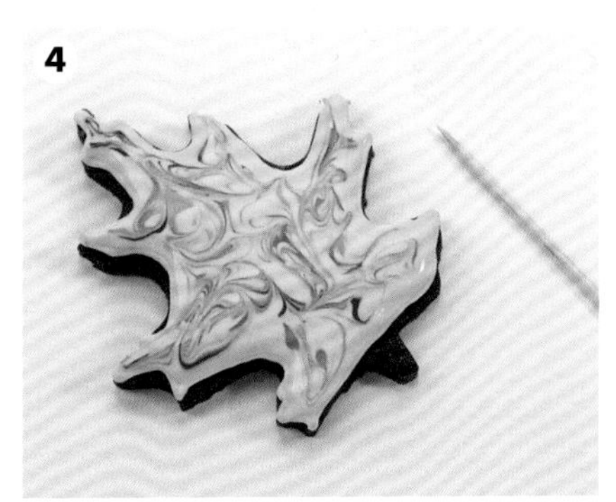

常用的糖霜花纹

条形

请参照P71，完成步骤1、2，挤出对比色的条状图案。拿着牙签以90°角往一个方向划开，完成后，垂直提起牙签并擦干净。然后向相反的方向划牙签，并重复刚才的步骤。

心形

请参照P71，完成步骤1、2，用对比色挤出一个圆点。把牙签放置在圆点正上方，从圆点中心入手，划开图案，提起牙签。每次提起牙签准备制作下一个图案的时候都要将牙签清理干净。

火苗

请参照P71，完成步骤1、2，用黄色糖霜挤出不规则的锯齿形，再在中间挤上橘黄色糖霜，最后挤上红色，每挤一次都要比前一次更靠近中心位置。将牙签放在黄色锯齿的最底部，以从黄色到红色的顺序划开，直到达到你想要的效果。提起牙签，清理干净。重复刚才的步骤，根据设计，做出不同长度的火苗形状。

扎染

请参照P71，完成步骤1、2，在饼干的中心位置挤出一个旋涡状（图上是粉红色），再用另一个颜色挤出一个外圈，继续一层层挤出圈。用牙签从最内侧的圆环中心向外划开图案，穿过一个颜色到另一个颜色。每次划完都要提起牙签，并且清理干净。重复这个动作，可以做出不同长度的扎染效果。

如何用蛋白糖霜进行细节装饰

用极细的裱花嘴做蛋白糖霜装饰可以制作出非常精细美观的图案，如点、漩涡、线、字母等。细节图案可以用作很多饼干装饰，如翻糖饼干、流质糖霜饼干或蛋液釉饼干。蛋白糖霜不能直接挤在黄油糖霜饼干上，因为黄油糖霜饼干中的油脂可能会造成蛋白糖霜开裂，还可能会析出油点。如果在流质糖霜装饰饼干上进行细节装饰，这必须要在饼干完全定形之后才可以进行，否则细节部分的图案可能会沉入糖霜中，融入背景糖霜里。

制作用于精细装饰的蛋白糖霜，浓度是很关键的一点。多数情况下，蛋白糖霜应该浓度较高，至少要打发到可形成中等硬度的尖角。如果糖霜被打发的太硬，挤压的时候会有困难；如果浓度不够，挤出的糖霜会混合到一起，摊开混成一团，看不出图案。在不给裱花袋施力的时候，糖霜是不应该自己流出来的。另外，挤压圆点图案的时候糖霜可以略微稀一点。当然很重要的一点是混合原料前，所有的粉末状原料都要过筛。因为制作精细的图案时，裱花嘴很小，如果不过筛，稍大一点的颗粒会堵塞裱花嘴。如果堵住了就麻烦了，要么糖霜挤不出来，要么稍用力，糖霜会冲破裱花嘴，一次喷涌出来很多，既浪费原料，又浪费时间清理。PME裱花嘴的号码虽然跟美国出产的裱花嘴号码无法一一对应，但却非常相近。建议备有0号、1号、1.5号、2号、2.5号的裱花嘴用作精细装饰时使用。用0号做迷你饼干，1号、1.5号做直径在5.1~10.2厘米之间的饼干，用2号、2.5号做更大一点的饼干。如果做出的饼干看起来没有想象的完美，不要灰心，继续多加练习。自如地掌握糖霜流动的速度、挤压力度及糖霜的浓度，需要多次练习。建议大家用本章中的模板进行练习。

常规说明

1 如果用流质糖霜装饰饼干，需要将装饰好的饼干静置数小时。用1号、1.5号裱花嘴，将中度打发的蛋白糖霜装进裱花袋，紧挨着饼干挤压糖霜，使其附着在饼干上。

1

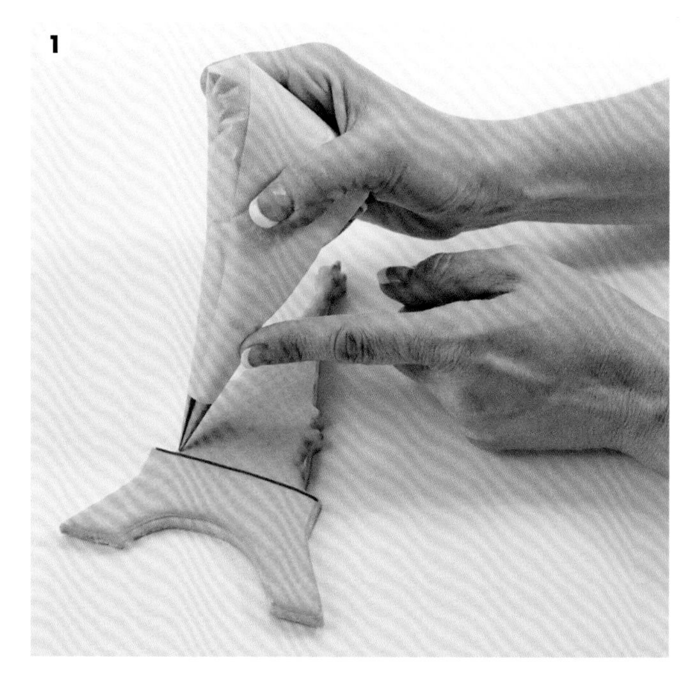

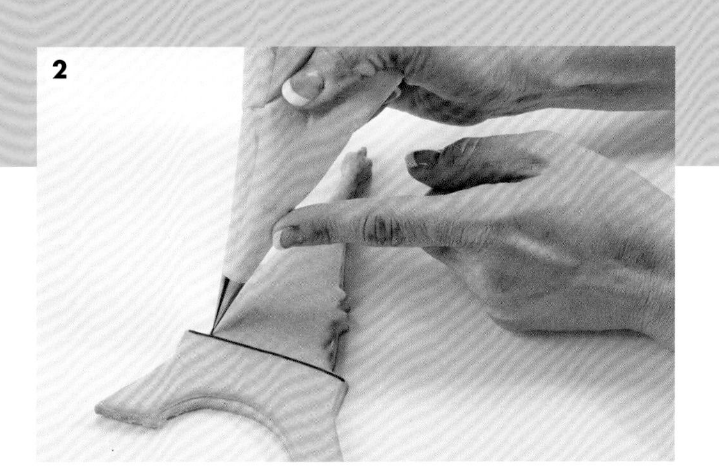

2 挤压的同时，稍稍提起裱花袋，继续挤压。注意挤压的力度和速度尽量保持一致，即将完成时轻轻碰触饼干表面，使糖霜停止挤出，并使糖霜末端尽量准确的连接起来。

直线

制作直线图案的时候以45°角握住裱花袋，紧挨着饼干，轻轻的挤压裱花袋使糖霜附着在饼干表面。继续挤压裱花袋，并在饼干上方垂直提起裱花袋，以稳定的速度移动裱花袋，画出直线。当直线达到设计的长度时，轻轻触碰一下饼干表面，使糖霜附着在饼干上并使糖霜停止挤出。为了做出笔直的直线，大家一定要多加练习，用稳定的压力尽量匀速移动裱花袋。

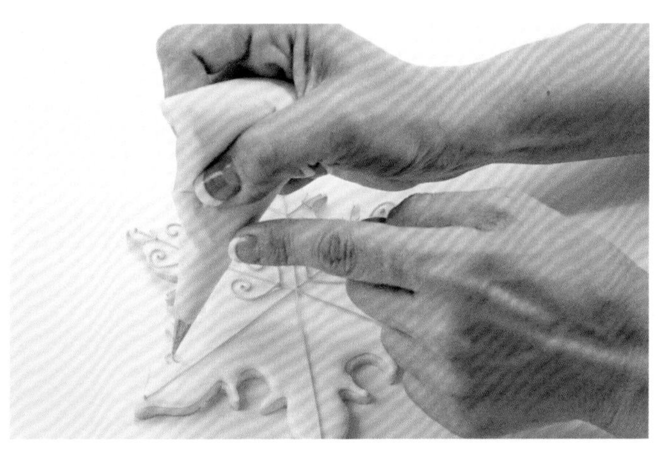

漩涡

制作漩涡图案时，以45°角握住裱花袋，紧挨着饼干轻轻挤压裱花袋，使糖霜附着在饼干表面。继续挤压裱花袋，并在饼干上方垂直提起裱花袋，以稳定的速度移动裱花袋画出漩涡。快画好漩涡时，轻轻触碰一下饼干表面，使糖霜附着在饼干上并使糖霜停止挤出，完成漩涡图案的制作。

点状

在原来的蛋白糖霜中加入水，直到浓度达到中度浓稠（比普通的蛋白糖霜稀薄但比流质糖霜要浓一些）。如果加入的水过多，圆点的延展性会比较大；如果水加少了，挤压完成，提起裱花袋时容易形成尖角。如果不可避免地形成了尖角，用沾湿的食指轻轻按压尖角，使其表面光滑。制作圆点图案的时候，挤压施力要一点一点地用力，按照挤压—停止—提起的步骤。如果制作非常小的圆点，对力量的控制要求就更高了，注意一定要控制好用力，用更小的力挤出大小合适的圆点。

装饰纹理

填充带有纹理图案的翻糖装饰饼干，可参考P106，这是一种简单且效率比较高的精细图案描绘法。通常纹理图案印在纹理垫上，如果纹理垫的两面都可以使用，最好选纹理凸起的那一面，凸起的那一面比凹陷的那一面更容易操作。

练习

可以用模板的反面练习，取一张透明的油纸放在模板上，在油纸上进行练习。可以先从如图比较简单的图形开始。记住，在即将结束装饰的时候不要拉扯，应垂直提起裱花嘴，以免造成糖霜的拉扯，弄坏装饰好的图案。

小贴士

正在进行装饰时，裱花嘴堵塞是一件非常头疼的事情，这时可以用细针对着裱花嘴戳开堵塞的部分（用针的时候要格外注意，因为可能会造成裱花嘴泄漏）。如果堵塞比较严重，那就要拿下裱花嘴彻底清洁。预防堵塞最好的方法是过筛，每种粉状原料都要过筛，可以很好地避免装饰过程中裱花嘴堵塞的情况发生。

为什么我画出的线总是弯弯曲曲的

如果画出的蛋白糖霜线弯弯曲曲的，那可能是在挤压的时候施力过大，或者挤压和移动的速度太慢了；如果糖霜线断开了，说明挤压力度太小。要多加练习以掌握适宜的力度和移动速度，确保画出的直线既不弯曲也不断开。当然，堵塞的裱花嘴也会引起这种现象，参照小贴士的解决办法就可以了。

在饼干表面作画

白色流质糖霜装饰饼干或白色翻糖装饰饼干就像是一块完美的画布，可以在上面画出可以食用的图画。虽然画复杂的图案听起来很难，但实际上是非常简单的，我们可以先用饼干切模做出一个轮廓，再开始作画。可食用色素马克笔或稀释好的食用色素都可以当做颜料。这几种方法都会创造出不一样的感觉。

对比可食用色素马克笔及稀释好的食用色素就像比较水彩和马克笔。使用稀释的色素可以创造出更加风雅的视觉效果，比较像山水画的感觉。马克笔可以给人一种比较直接灵动的感觉，颜色的对比度强，而且用量少。胶状食用色素也常用到，在胶状食用色素中加入少量水可以制作出很多不同的颜色。另外，可食用色素马克笔比较适合小朋友用，其画图非常方便，还有不同的粗细，几乎可以描绘所有的图案，并且品牌多，很容易买到。不同品牌的马克笔颜色上可能略有不同，但差别不大，可以放心使用。比如，Americolor明亮的颜色比较多，Foodoodler可以提供不同颜色的不同粗细的马克笔，供大家参考。

如何在饼干上作画

1 参照P104的做法，先做出白色的翻糖饼干或白色流质糖霜饼干，具体可以参照P64的做法。在画画之前，先将装饰好的饼干静置24小时晾干。在调色盘的每个格子内都装入一半水，在干净的地方挤入一点颜料。调色的时候只需蘸取想要的颜色和水，并在格子里调和出想要的颜色即可。调好后可以在纸上测试一下是不是想要的颜色。

小贴士

确保用来刷颜料的刷子是湿的，但不能滴下水来。水分太多会导致糖霜或翻糖溶解，还可能产生黑点和气泡。因为流质糖霜太稀，可能会出现小气泡。

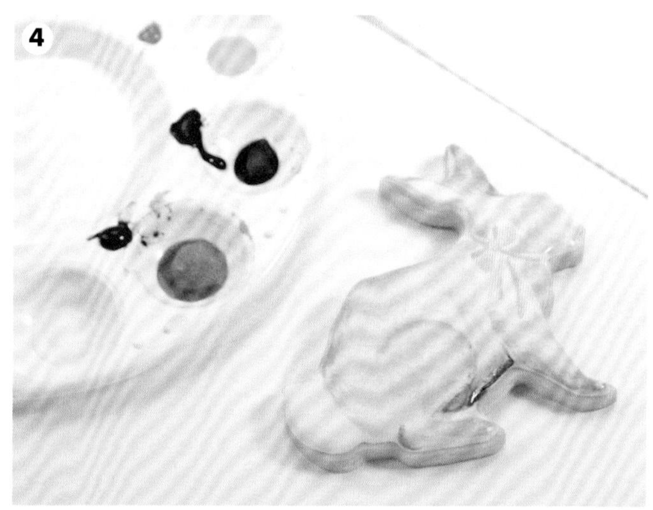

2 用浅颜色画细节部分。

3 在给细节部分周边上色的时候，在连接处留一点空白，避免颜色互相渗透。先确定细节线条在哪一边留白，再用画轮廓的颜色把这部分画在轮廓里。例如，决定把小兔子画成粉色，小兔子轮廓里面的部分会留成白色。

4 制作浓色的时候，挤出一点浓缩食用色素在调色盘的最顶端，然后一点点加水，调出颜色较深的颜色。在白纸上测试颜色，确定无误后，用这个颜色给饼干加入对比色。

5 将上好色的饼干静置数小时。用细刷子蘸取浓缩色素，用细端画出轮廓，或者用可食用色素马克笔细的另一端画出轮廓。

可食用色素马克笔

1 参照P104的做法，先做出白色的翻糖饼干或白色流质糖霜饼干，具体可以参照P64的做法。在画画之前，先将装饰好的饼干静置24小时晾干。

2 用可食用色素马克笔画细节。

3 给细节周边上色，在连接处留白以防互相染色。

4 用黑色可食用色素马克笔的细端画出轮廓。

如何用可食用色素马克笔做出水彩画的效果。

先用马克笔画好图案，再用刷子蘸取少量水在画好的图案上轻轻刷一下，如图，就可画出非常好看的水彩画的效果了。

1

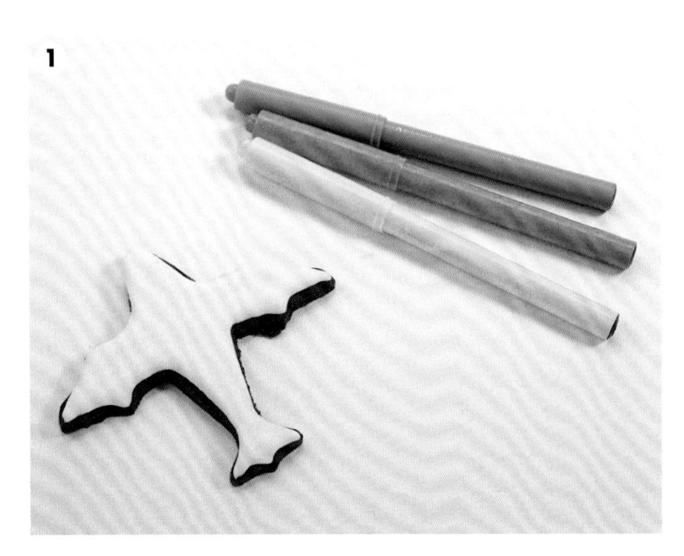

2

3

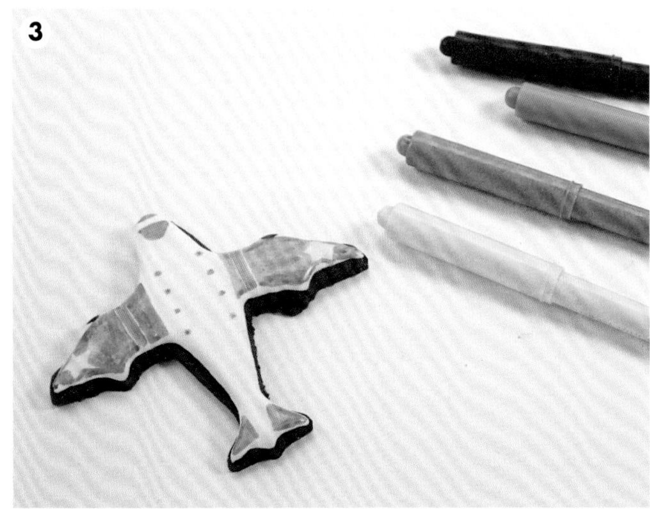

4

晾干

晾干是很重要的一个步骤，否则饼干很容易损坏。翻糖饼干在做完翻糖装饰后要用几个小时甚至隔夜的时间晾干，否则在表面画画的时候极易造成表面凹陷。同样，做完的流质糖霜装饰饼干也要静置数小时甚至隔夜，否则用马克笔上色的时候稍一用力就有可能戳破糖衣。

储存画好的流质糖霜装饰饼干

约6个小时，饼干上的颜色就差不多完全干透了。这时候可以将饼干放入盘子中或玻璃纸袋里保存。如果颜料没有用水稀释过，饼干表面可能会比较黏，会有一部分粘到袋子上，这属于正常现象。

装饰好的饼干若当天不准备食用，可以储存在密封的容器中，可保存长达10天左右。也可将饼干一层层地铺在容器中，记得中间要用油纸作间隔。

奶油糖霜

奶油糖霜是一种比较特殊的糖霜，比较甜，且软绵绵的，像棉花似的质地。可以直接用抹刀抹在饼干上，也可以用裱花袋挤在饼干上。和小朋友一起做烘焙时，用奶油糖霜来做装饰是很有趣的，他们会挤出非常有意思的造型，总是有惊喜，并且真的很好吃。

制作奶油糖霜可以借鉴本页的配方，也可以从烘焙用品专卖店中买半成品。虽然这种糖霜干了以后表面比较脆，但里面仍然是软绵绵的奶油状软糯状态。这种糖霜在潮湿的地方不容易晾干。染色的奶油糖霜晾干后会比本来的颜色深一些，特别是用到红色、翠绿色、海军蓝、紫色或黑色的时候，所以调色的时候应调得稍浅一些，这样染色过后的奶油糖霜会比较接近我们想要的颜色。染色的时候是不要急着马上用，染好后等几个小时，查看一下是否是想要的颜色，如果糖霜颜色太浅，就再加一点食用色素；如果颜色太深，就加一点白色的奶油糖霜。在用奶油糖霜进行装饰的时候，最好选比较厚的饼干，否则奶油糖霜中的甜味会覆盖饼干的味道，咬一口，满嘴都是糖味，不如糖霜混合饼干的味道好。如果用抹刀将奶油糖霜抹到饼干上，那就不用选比较厚的饼干，因为我们可以控制抹奶油的量。奶油糖霜是一种基础的、带甜味的糖霜，如果加入不同的增味剂，可以做成各种不同的味道。本页配方中的杏仁香精可用其他香精替代，较常用的有薄荷味、柠檬味、椰子味、咖啡味等。另外，香精有不同浓度，加的时候要考虑到这一点，浓度高的香精不要加太多。还有一些香精本身带有颜色，所以要考虑到加入的香精还可能会影响糖霜的颜色。

奶油糖霜配方

- 120毫升高比例起酥油
- 520克糖粉，过筛
- 75毫升水
- 2.5克盐
- 5毫升香草香精
- 2.5毫升杏仁香精
- 1.5毫升奶油香精

将原料放进准备好的大碗中，用打蛋器低速打至混合均匀，继续用低速打制10分钟左右，直到糖霜变成奶油状，用盖子盖住碗以防糖霜变干。没有用完的糖霜可以放入冰箱保存6周。在准备使用前，先再次打发，再装入裱花袋进行装饰。

最终得到1升奶油糖霜

如何抹糖霜

1 舀1大勺奶油糖霜放在已经晾干的饼干上。

2 用抹刀抹平糖霜，抹至厚厚的但平整的状态（会有少许糖霜溢出饼干边缘，这属于正常现象）。

3 取干净的硅胶刮刀，以90°角，用薄的那一面顺着饼干边缘刮一圈。尽量使刮好的糖霜边缘与饼干边缘保持平整。

4 将装饰好的饼干放在一边晾干，表面形成硬壳，用如图的滚轮在饼干表面轻轻滚一下，使装饰表面变平整。

1

2

3

4

怎样做出完美的奶油糖霜

- 要做出颜色亮白的奶油糖霜，很重要的一点是要用无色的香精，这样不会改变糖霜的颜色。纯的香草香精会将糖霜染成偏象牙白的颜色。
- 高比例起酥油可以用纯植物起酥油代替。同时，高比例起酥油还可以代替黄油，用来做糖霜和蛋糕。高比例起酥油做出的糖霜效果比较好，光滑，有奶油质感的质地，但又不会很油腻，是一个比较好的选择。纯植物起酥油有可能会影响糖霜的浓度、质地、纹理和味道。
- 不要用中速打发奶油，那样容易混入空气，产生气泡。用低速打发就可以做出光滑的奶油质感的糖霜。
- 食用色素的加入可能会导致奶油糖霜的颜色因放置时间过长而变深，所以调好颜色后记得放置两三个小时，看看最终是不是想要的颜色。
- 巧克力奶油糖霜味道好，制作起来也比较简单，只需要加入可可粉就可以。在奶油糖霜的配方里（P82）加入约125克可可粉，就这么简单。但可可粉的加入会造成奶油糖霜稍硬，因为加入的可可粉不含水，配方中水的比例就相应的减少了，要恢复之前的效果，加一定量的水就可以。

1

圆点的挤压方法

1 将圆形裱花嘴安装在裱花袋上，以90°角握住裱花袋，垂直立于饼干正上方。

2 挤压裱花袋，用力挤出一个点，保持裱花嘴的稳定性，不要抖，形成一个圆点。继续挤压，直到圆点的大小达到想要的尺寸，停止挤压，垂直提起裱花袋，完成。

3 挤好圆点，提起裱花袋时可能会在中间形成一个小尖角，没关系，在糖霜变干前用食指轻轻地将其压平即可。

2

3

如图，10.2厘米大小的雪人装饰饼干是用3个大小不一的圆点做成的，用的都是1号裱花嘴，雪球越大，所需的挤压力度越大。中间雪球上的红色纽扣用3号裱花嘴，雪人的眼睛和嘴巴用1号裱花嘴，像胡萝卜似的鼻子用2号裱花嘴，提起的时候要稍用力，同时垂直提起，这样才能拉出如图所示的鼻子上的尖角。

2a号裱花嘴

2a号裱花嘴是用来挤压图中花瓣和花心的。

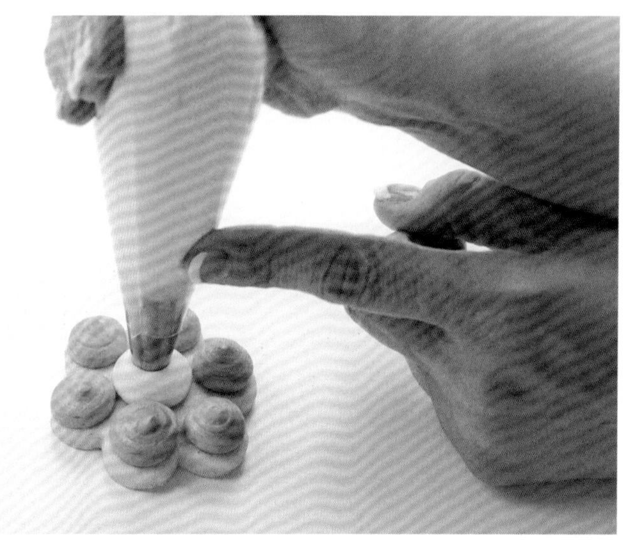

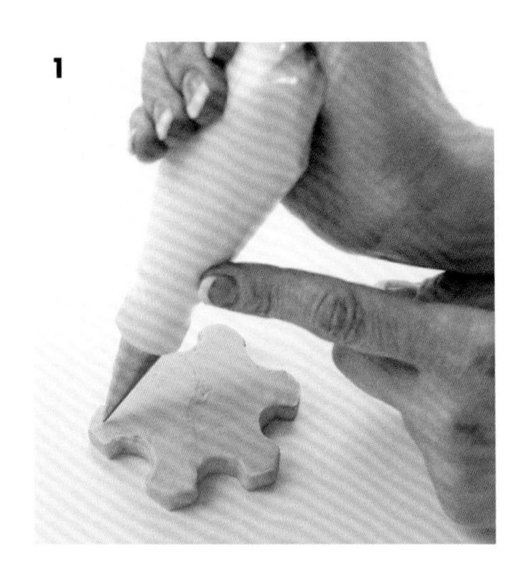

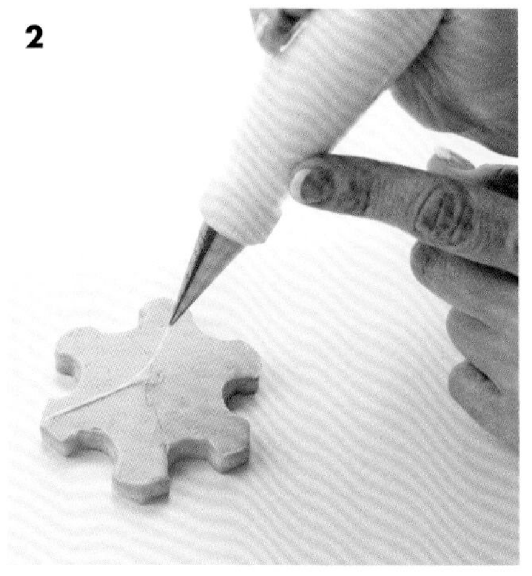

画线

1 把圆形裱花嘴安装在裱花袋上，以45°角握住裱花袋，立于饼干正上方。裱花嘴紧挨着饼干，垂直提握裱花袋，稳定挤压糖霜。

2 一边挤压，一边移动裱花袋，让糖霜垂直匀速地从裱花袋中挤出，落到饼干表面，不要拖拽裱花嘴。完成后停止挤压，轻轻触碰一下饼干，使糖霜停止流下并使末端服贴的附着在饼干上，提起裱花袋。

小贴士

如果画出的线弯弯曲曲的，是因为施力太大；如果画出的线中间断了，要么是施力太小，要么是移动裱花袋的速度太快。多加练习，保持适中的力量，稳定的移动是画出完美线条的前提。

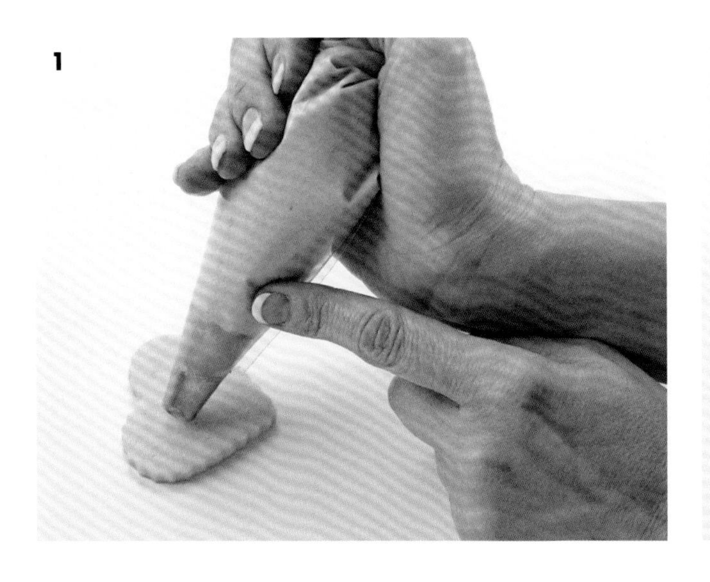

泪珠状装饰

1 将圆形裱花嘴安装在裱花袋上，以45°角握住裱花袋，直立于饼干正上方。将裱花嘴紧挨着但不接触到饼干。

2 挤压裱花袋挤出糖霜，形成一个泪珠状，刚开始挤出的点比较粗。

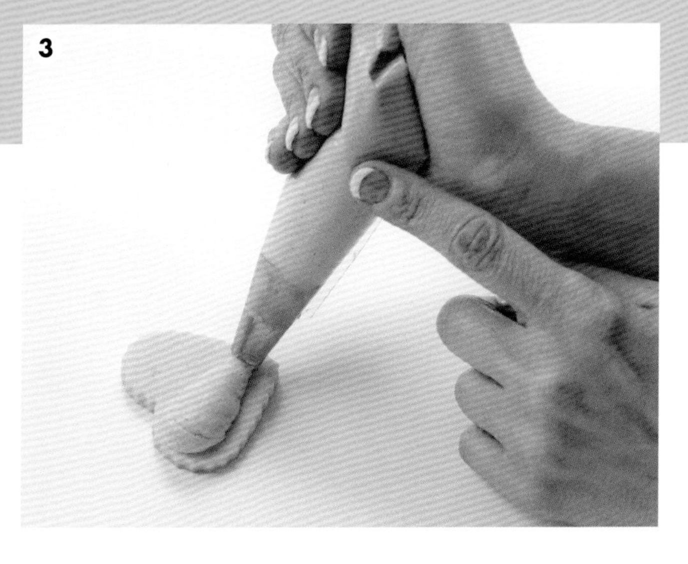

3 渐渐释放压力，并拖拽裱花嘴，在图形末端形成一个小一点的点，如图，最终形成泪珠状。

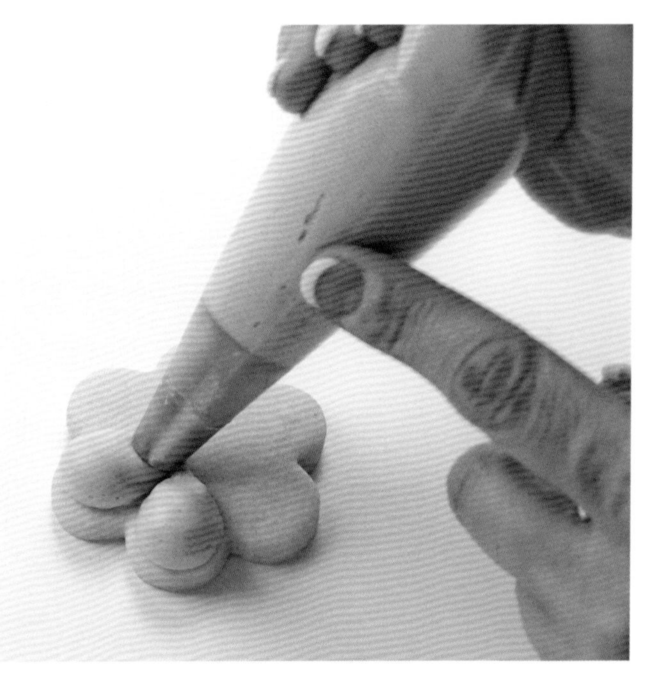

泪珠状糖霜做出的花瓣比较大，有复古风情。

心形是由两个泪珠状图案组成的。

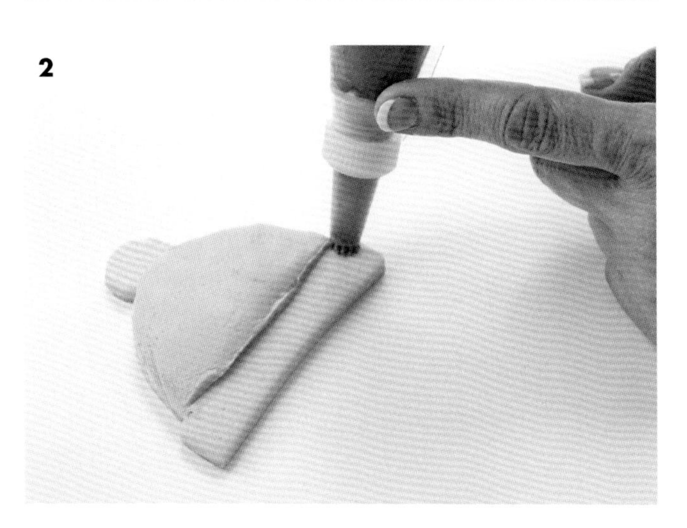

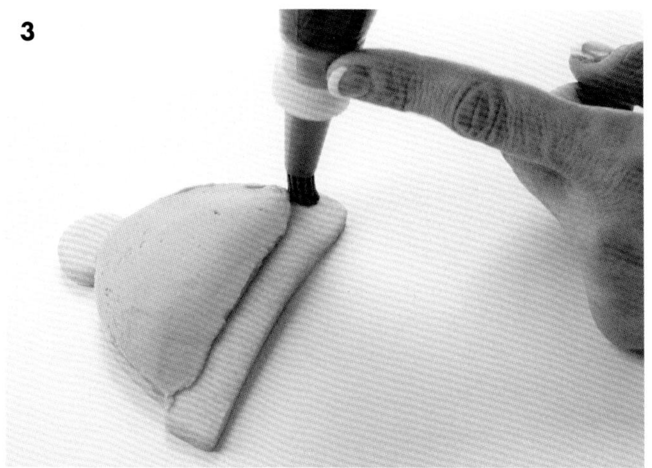

如何制作毛发、草、细树枝等图形

1 将233号裱花嘴安装在裱花袋上，以90°角握住裱花袋，垂直立于饼干正上方。

2 挤压裱花袋，使糖霜落到饼干上。

小贴士

用90°角握住裱花袋制作出的毛皮和草形图案，是图中直立的毛皮和草。若用45°角握着裱花袋来制作，即为平躺的毛皮和草。根据自己的装饰需求，适当调整手握的角度。

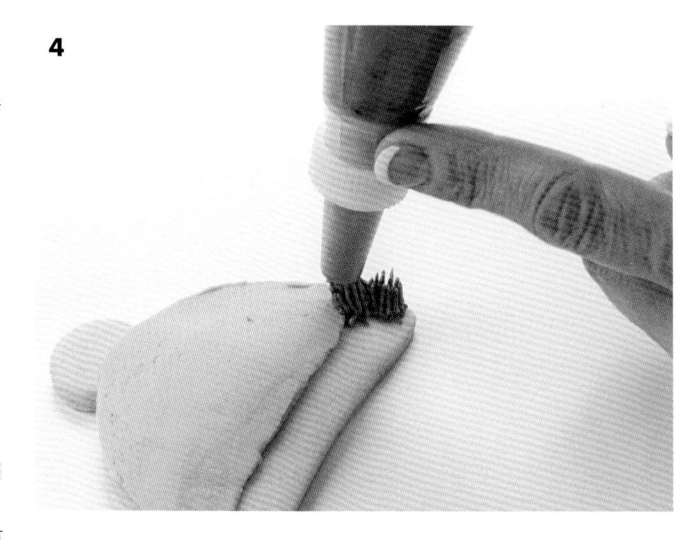

3 继续施压挤出糖霜，完成如图的形状，停止施压并快速提拉裱花袋。

4 重复上面的动作，继续制作毛皮、草和细树枝等图案。

1

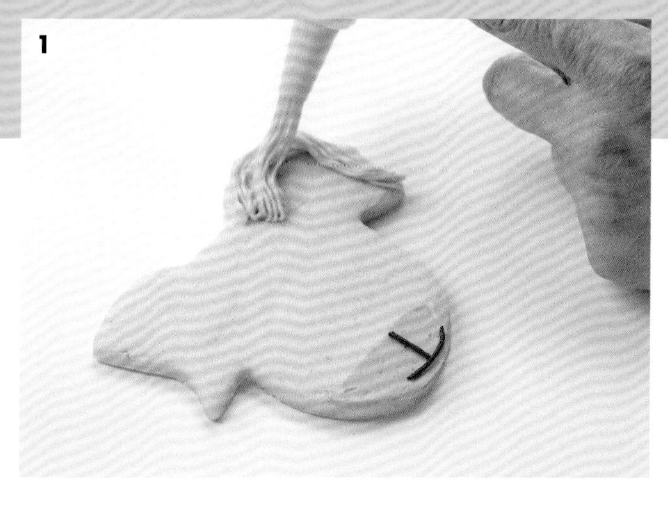

2

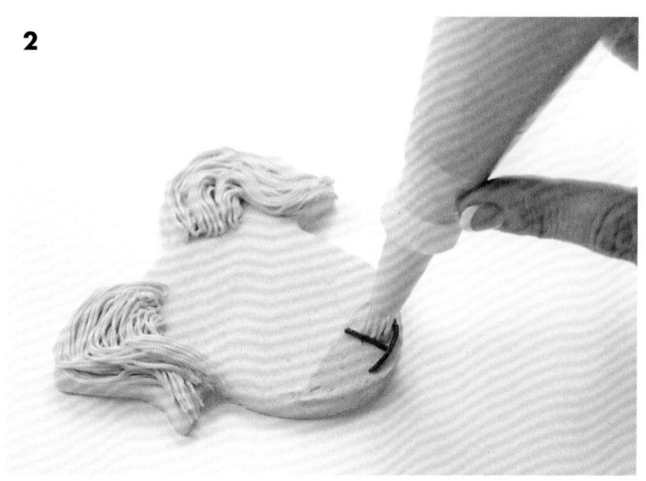

3

小狗

1 重复上面的动作，稳定的用力，可以做出长毛的感觉，如小狗装饰图。

2 小狗嘴部的细节部分要先做，后期装饰以此为基准。

3 装饰时先完成一边再完成另一边，一排一排地做出毛发，不要打乱顺序，否则做出的毛发看起来会很乱。

4

5

4 先做好一列毛发，后面制作的毛发就会偏倒向这列毛发，完成后看起来非常整齐。

5 小狗的眼睛、鼻子等细节部分可以在所有的毛发都做完后再制作，这样会让细节部分看起来比较突出，若先做好这部分，会被周围的长毛部分覆盖住。

圣诞树

1 从树的下部开始，先制作出一排树枝。

2 紧挨着前面的一排，用同样的方法制作第二排。

3 继续制作，每排树枝都应紧挨着前一排，直到全部填满，这样一棵圣诞树就做好了。

1

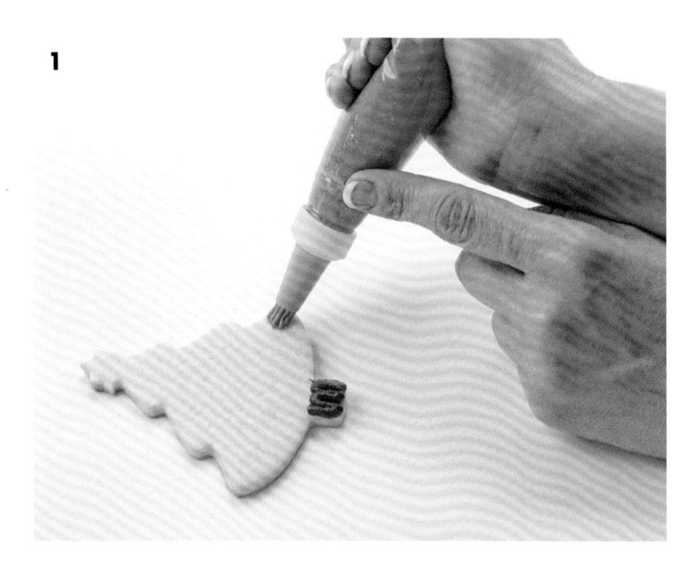

3

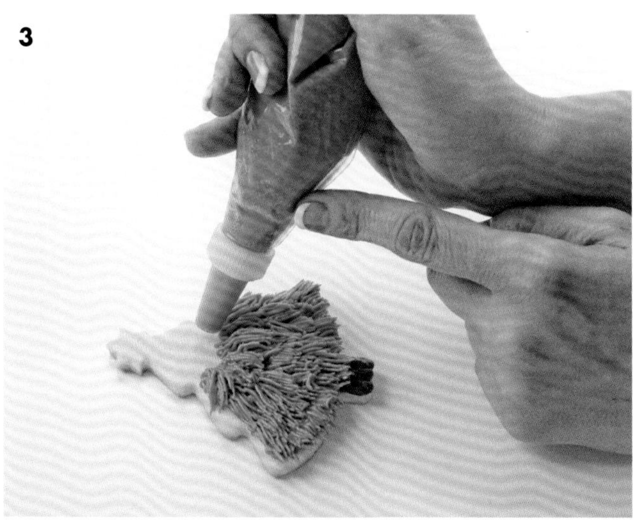

2

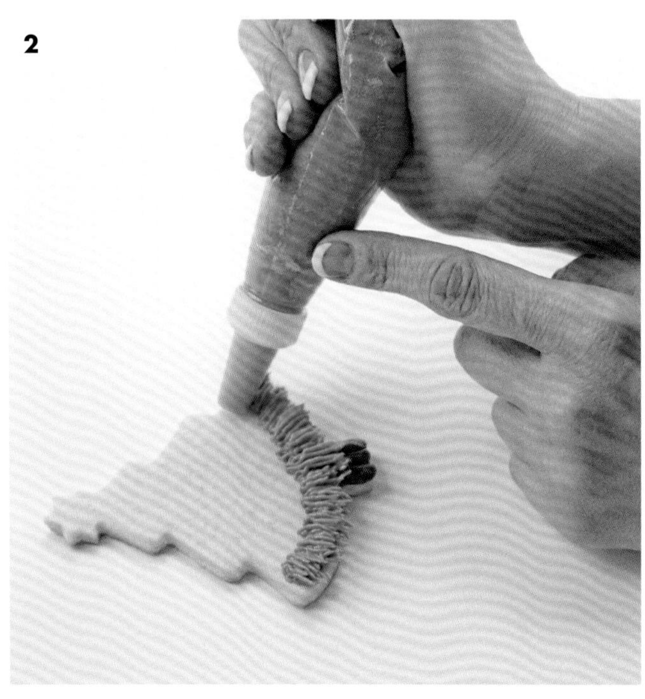

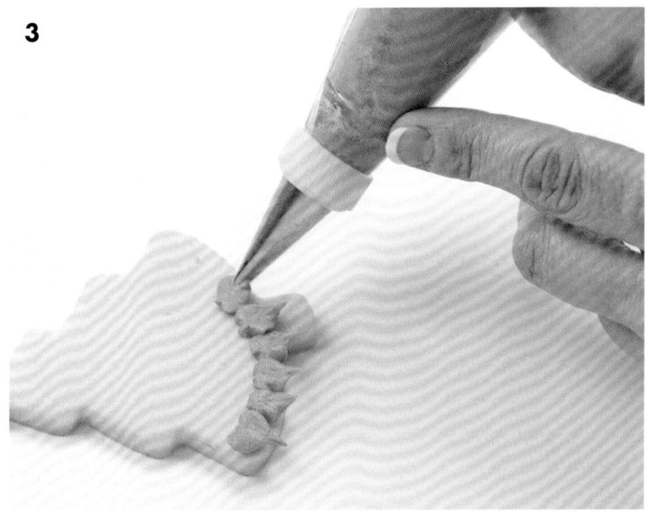

带叶片的树

1 将352号裱花嘴安装在裱花袋上，以45°角握住裱花袋，立于饼干正上方。352号裱花嘴有两个尖角，使离饼干表面近的那个尖角紧挨着饼干，另一个尖角与之平行。

2 挤压裱花袋，使糖霜流下，附着在饼干表面。

3 继续挤压裱花袋并略微提起，形成叶子的形状，如图。停止挤压，抬起裱花袋。

4 重复上面的方法完成所有叶子的装饰。顺序也是一排接一排地制作，前一排做完后，沿着前一排继续制作后一排，直至填满整个饼干表面。

如上图，制作大一点的叶子，也是用同样的方法、同样的裱花嘴，每挤压一次用力久一点，并匀速移动裱花嘴，直到做出你想要的尺寸。

如图，用同样的方法可以做一朵一品红。一品红由绿色叶子和红色花瓣组成，需要用352号裱花嘴。绿色叶子在底部作为背景，需要先做出来，然后在绿色叶子上做一层红色的花瓣，最后一层的红色花瓣也用同样的裱花嘴制作，但挤压的力度应小些，内层的花瓣要比外层的小一些才好看。中间的花蕊部分用2号裱花嘴，可以用黄色和绿色的糖霜来搭配。

1

2

星星图案

1 将32号裱花嘴安装在裱花袋上，以90°角握住裱花袋，垂直立于饼干正上方。

2 挤压裱花袋，做出一个星星的形状。挤压的过程中稳住双手，让糖霜由中间向两边渗出。

3 继续挤压直至达到想要的尺寸后停止挤压，提起裱花袋，待糖霜晾干。做完后如果星星中间有一个尖角，用食指轻轻抹平即可。

3

制作更小一些的星星可以用16号裱花嘴。另外，这个裱花嘴还可以用来制作带纹理的条状装饰线，或锯齿状的图案（如图）。

编织条纹

1 将46号裱花嘴安装在裱花袋上，以45°角握住裱花袋，垂直立于饼干正上方。裱花嘴紧贴饼干，用力挤压出一条垂直的线条，贯穿整个需要装饰的部分。

2 再横跨这条线，以垂直于该线条的方向挤压出一条条短的互相平行的短线条，中间留约等于条纹宽度的空隙（如图）。

3 再画一条垂直的线条，使该线条平行于第一步中画出的线条，长度与之相当，线条的一侧盖住第二步中画出的短线条的一端（如图）。

4 重复第二步，在第二步中留空的地方接着画出一道道短条纹。这些短条纹与之前第二步画出的短条纹平行，长度相同，并跨过第三步画出的长条纹（如图）。

5 重复以上步骤，直至全部填满待装饰区域。

1

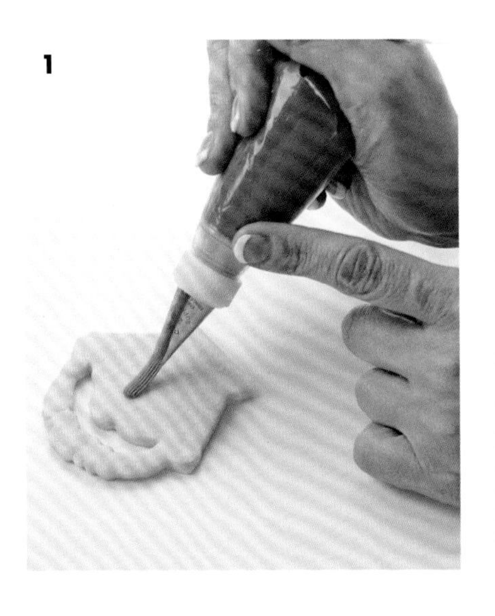

3

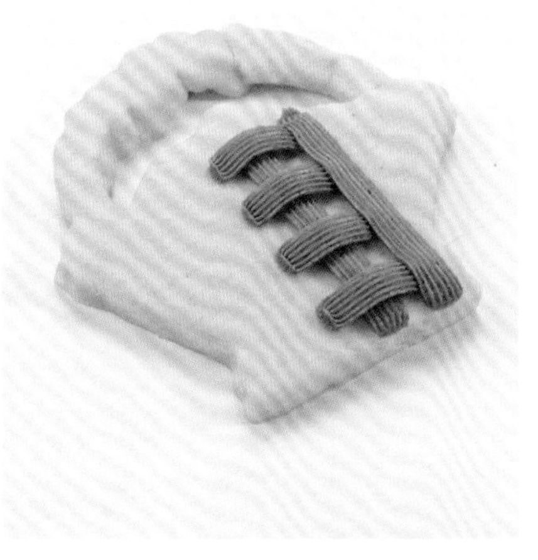

5

2

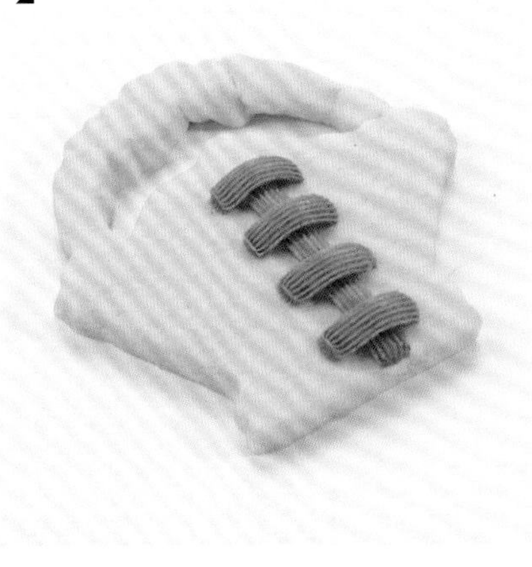

4

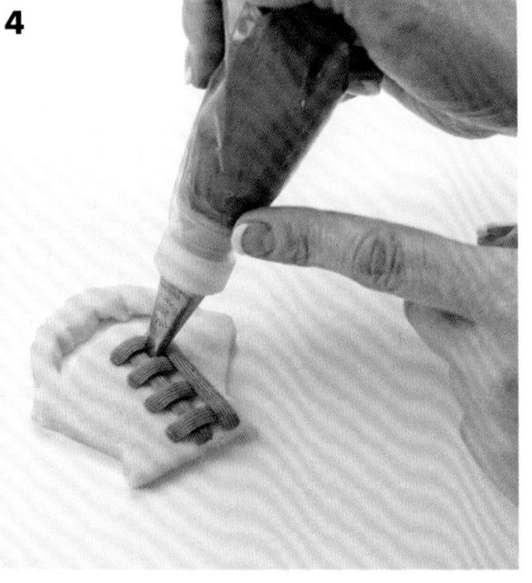

1

3

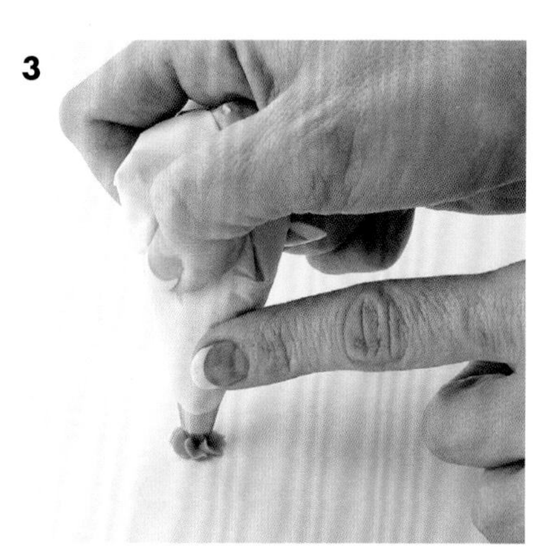

小贴士

对大多数轮廓分明的花瓣，制作时需要用力且同时旋转。不要只用力不旋转，或者只旋转不用力。

2

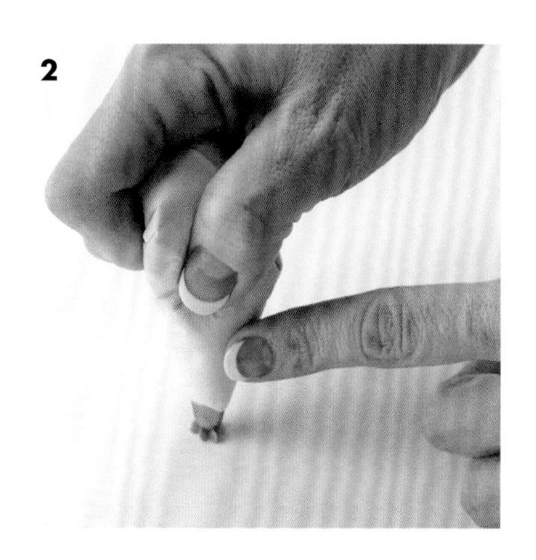

4

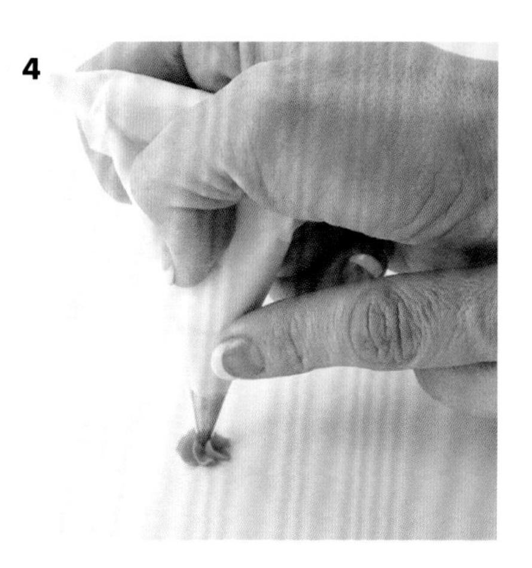

5

花朵型裱花嘴

1 将224号裱花嘴安装在裱花袋上，装入完全打发的蛋白糖霜或奶油糖霜，在工作台上铺一层油纸（在工作台和油纸之间抹一点糖霜，这样易于把油纸固定在工作台上）。以90°角握住裱花袋，垂直立于饼干正上方。将裱花嘴紧贴饼干，挤压裱花袋。

2 这一步需要一点技巧：挤压的同时旋转裱花嘴约1/4圈，期间保持裱花嘴紧挨着饼干表面。

3 稳定用力挤压裱花袋，直到挤出的图形达到合适的尺寸。完成后停止用力并垂直快速提起裱花嘴，切断糖霜。

4 用不同颜色的糖霜来做花蕊，在花瓣中央挤一个小圆点。

5 用奶油糖霜制作的这种花朵需要连同油纸一起放入烤架或放入冰箱硬化。硬化好之后，将花一个个地移到饼干上。用蛋白糖霜制作的花，需要在室内放置几个小时或者隔夜，直到完全干透。干了以后，将其放入容器密封，可以保存几个月。

1

2

3

4

蝴蝶结

1 将44号编织篮裱花嘴安装在裱花袋上（也可以用其他没有纹路的编织篮裱花嘴），以45°角握住裱花袋，垂直立于饼干正上方。紧贴饼干，挤压裱花袋。挤出一个条状图形作为丝带。

2 如果丝带有尖角，用刮板垂直于饼干的方向刮去多余的糖霜，形成尖角。

3 用45°角握住裱花袋，垂直立于饼干正上方。紧挨饼干，挤压裱花袋。挤出一个倒置的C形，成为丝带的一个环形，然后回到中心点。

4 重复第二步，画出另一个C形。用同样的裱花嘴，挤一个小小的椭圆形作为蝴蝶结的中心。

圆形裱花嘴

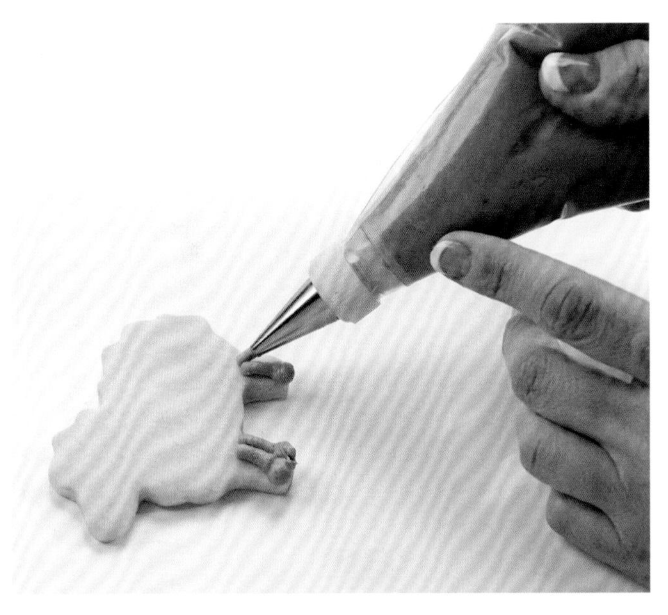

掌握用不同的力度、握裱花袋的角度与方法来制作出适合的形状，多加练习后再开始真正的操作。

如图，制作羊腿的时候需要持续挤压直到达到适合的长度，然后一顿一顿地用力，来制作羊脚的部分。

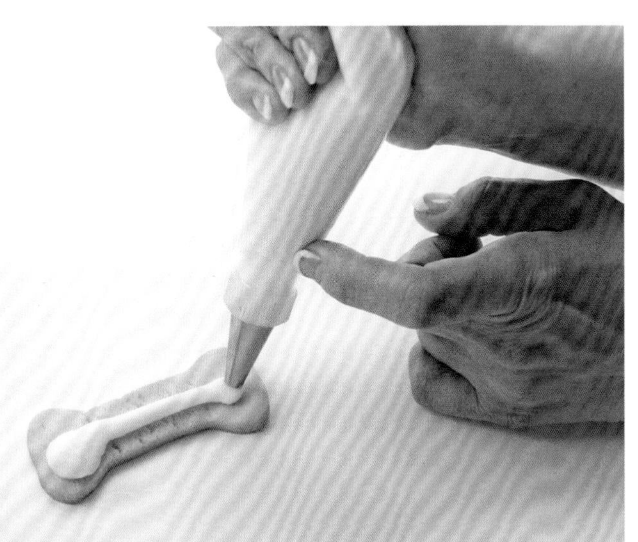

制作骨头，第一步先根据之前讲到的方法画出一个泪珠的形状，然后制作直线，最后在直线的另一头再做一个泪滴形。

用大的圆形裱花嘴，如1A号，可以制作不同大小的泪珠形图案。如制作如图的鸭子图形，先把鸭子的头部画出来。

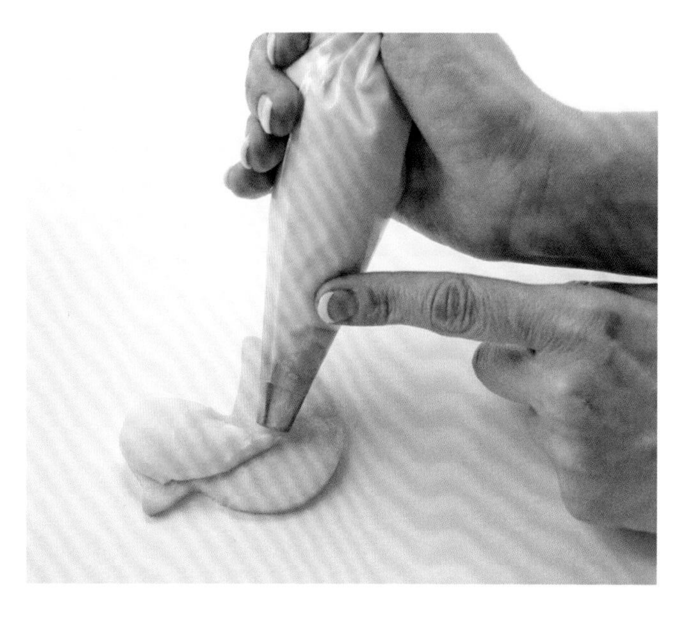

用同一个裱花嘴，以小一些的力度做出翅膀。

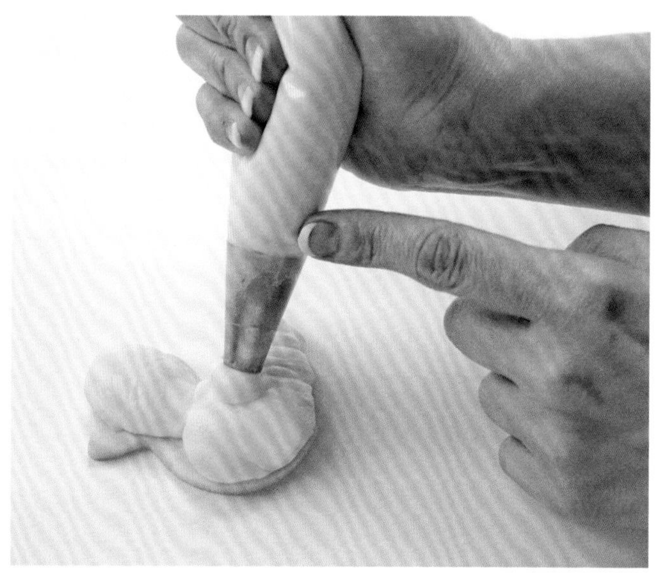

用同样的裱花嘴做出身体部分。因为身体部分的面积比头部要大一些，所以这里要加大力度来挤出更大一些的泪珠形状。

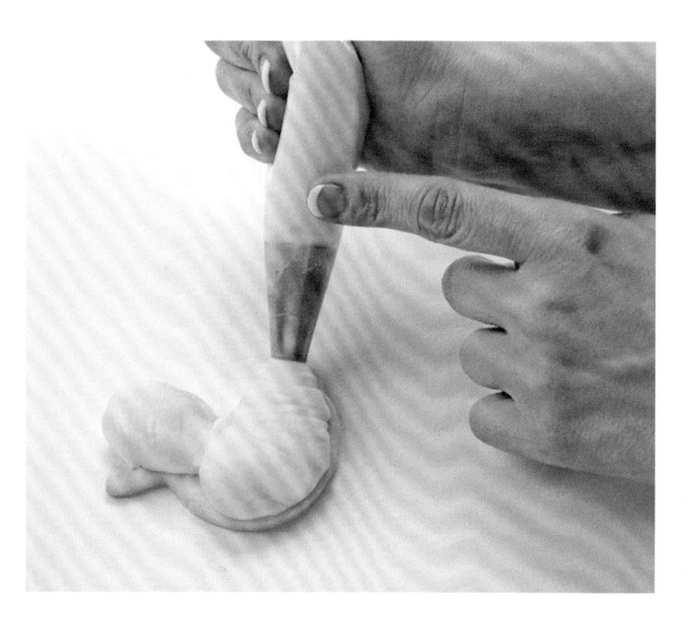

最后用小的圆形裱花嘴，如8号，制作嘴部。

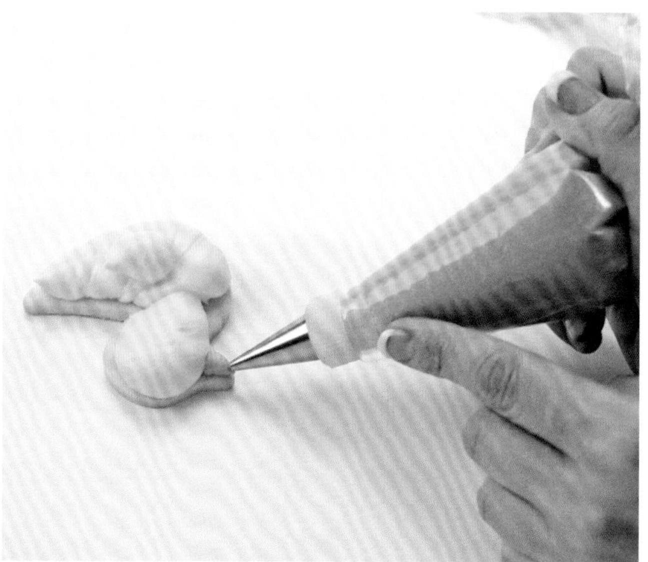

如何储存奶油糖霜装饰饼干

奶油糖霜装饰饼干在室温下储存不应超过7天。这种装饰饼干会形成一个脆脆的表面，所以保存的时候最好放在盘子里，或者用单独的容器储存在玻璃纸袋子里。如果你住在比较潮湿的地方，奶油糖霜不容易完全干燥，可能不会变得很脆，如果将奶油糖霜饼干放在冰箱里保存，也会出现这种情况。

若做好的奶油糖霜装饰饼干当天吃不完，可以将剩下的饼干储存在单层、宽松、有盖容器中。如果容器密封效果很好，也可以放在冰箱里储存。但冰箱的温度可能会使糖霜形成冷凝，导致颜色析出，这属于正常现象。

翻糖膏

翻糖膏可以擀制、切割后转移到饼干坯上制成平滑、干净的糖衣，它有些像软泥或面团，它被广泛应用于蛋糕的表面装饰。在美国，大部分人喜欢奶油霜的味道，以这种有韧性的甜味翻糖膏作装饰会比较厚重，与美国常见的那种柔软、湿润的蛋糕有很大的不同。但翻糖膏是装饰小饼干的绝佳材料。

装饰饼干时，翻糖膏的厚度最好是饼干厚度的一半，并盖过饼干坯。下面的食谱会教你怎么从零开始做翻糖膏，但翻糖膏的制作费时且繁琐。按照食谱制作之前，可以购买一些成品品牌翻糖膏先进行了解、熟悉。品牌翻糖膏的味道跟形状多种多样，颜色也有白色或彩色等多种选择。翻糖膏如果制作不当或放置过干，都会使饼干看起来僵硬难看，影响效果。适当加入少量起酥油或蛋白可以软化膏体。本书152页详细讲述了翻糖饼干制作时的注意事项及细节，这些也适用于其他种类的糖衣饼干的制作。

翻糖膏制作食谱

- 120克奶油
- 30毫升吉利丁粉
- 175毫升葡萄糖浆
- 28克黄油
- 25毫升食用甘油
- 1000克糖粉

将奶油倒入一个小号煮锅中，撒入吉利丁粉隔水加热，直至吉利丁粉溶解。加入葡萄糖浆、黄油及食用甘油，隔水加热至黄油融化，置于一旁。将糖粉过筛，取770克过筛后的糖粉放于搅拌碗中，倒入之前制好的奶油混合物，缓慢搅拌使其充分混合。再加入剩余的230克糖粉。这时的翻糖黏性很大，但是已经有了一定的形状。在保鲜膜上涂一层薄薄的植物起酥油，然后将制成的翻糖膏用带有起酥油的保鲜膜裹起来，放置24小时。24小时后，翻糖膏就不会那么黏手，如果依然黏性很大，可以再加入一些糖粉。

给翻糖膏上色

1 取一块揉好的柔软的翻糖膏。

2 将色素添加到翻糖膏上，若色素是罐装，用牙签少量取用；若色素是滴管装，则直接小心挤压滴管。

3 开始揉和，如果需要颜色加深，就增加色素的用量。

4 彻底揉和直至颜色均匀，没有条纹。

小贴士

- 开始上色之前在手上抹一些起酥油，可以有效避免手被颜料染色。食品级塑料手套也可以帮你防止这一问题。
- 染色时取用的翻糖膏量尽量多于你需要的用量，因为一旦染好的量用完，就很难准确地调制出完全一样的颜色。

大理石花纹加工——方法一

1 取一块揉好的柔软的翻糖膏，将色素添加到糖膏上，若色素是罐装，用牙签少量取用；若色素是滴管装，则直接小心挤压滴管。

2 轻轻地揉和，出现条纹。

3 将翻糖膏擀开，进行切割制作。

2

1

3

大理石花纹加工——方法二

1 准备好每种颜色的翻糖膏。颜色较浅的翻糖膏体积应比较深的大2/3。

2 将染好的翻糖膏揉成条状，并排放置。

3 将翻糖膏对折，不断揉和再对折来制造大理石花纹。

4 将翻糖膏擀开，进行切割制作。

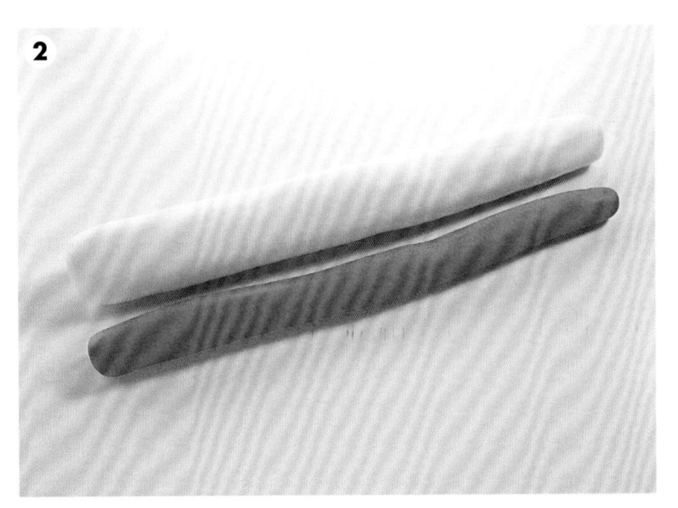

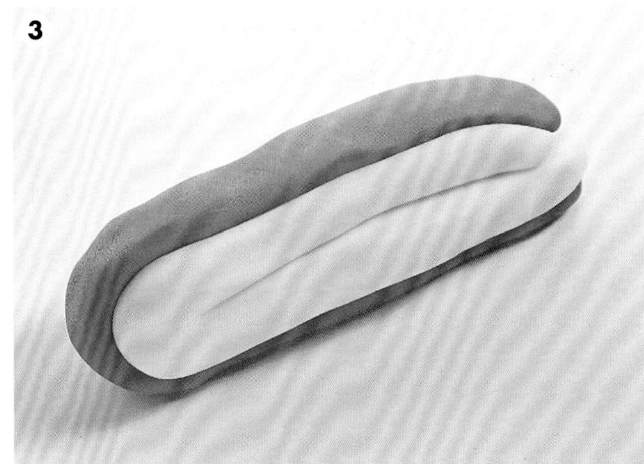

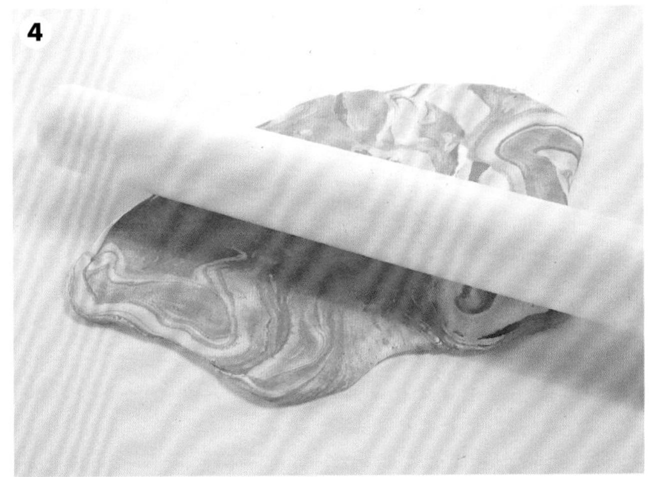

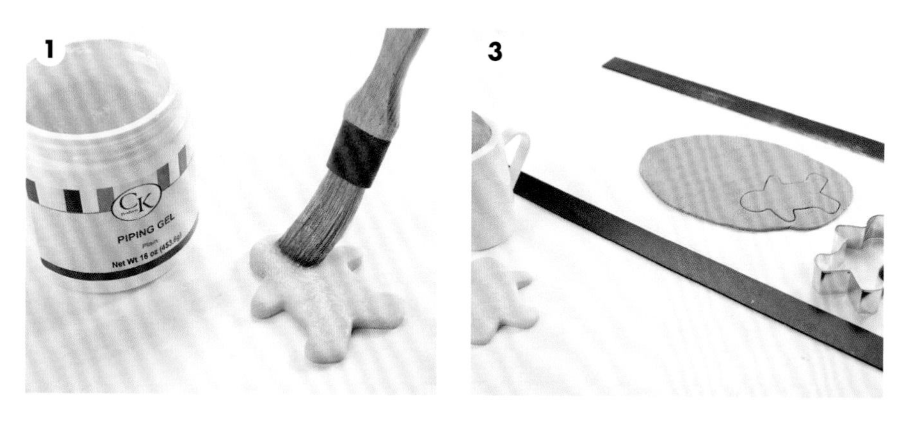

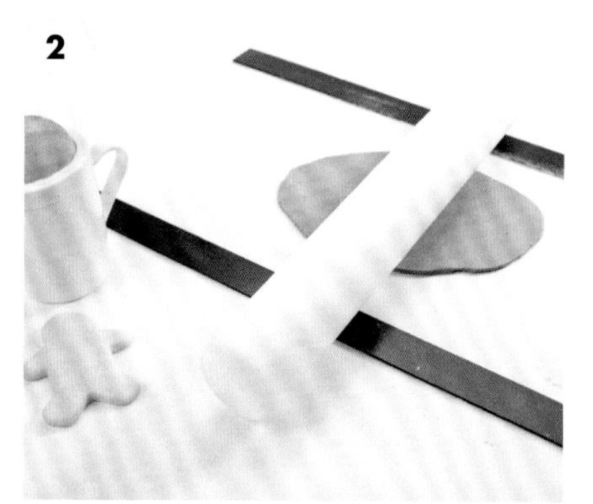

可以用奶油霜代替饰胶，还可给饼干增加风味。用6号花嘴将奶油霜挤到饼干表面，边缘留下一定的空隙，用小抹刀均匀抹开奶油霜，注意不要抹出饼干边缘，然后将准备好的翻糖膏放到饼干表面。

利用擀制好的翻糖膏装饰饼干

1 在烤制好且已凉透的饼干表面刷一层薄薄的饰胶，饼干数较少时可以同时刷，但需注意，饰胶很容易变干。

2 将翻糖膏揉软，在其表面轻轻撒上一层糖粉防止黏性过大。将翻糖膏移至一个防粘的平滑表面，两端放置两片2毫米厚的准度条，通过准度条进行擀制，将翻糖膏擀平，这样可以保证制成的翻糖膏厚度一致，同样，也可以使用擀面杖调节环实现上述操作。在擀制的时候，缓慢转动翻糖膏，使其受力均匀，注意不要转动过度。若在转动过程中翻糖膏变黏，需撒上一些糖粉或将糖粉揉入翻糖膏中，以增加硬度。最后擀制好的翻糖膏表面要避免留下糖粉，以防装饰饼干时出现白色斑点或糖粉痕迹。

3 用与饼干形状一致的模具切割擀制好的翻糖膏。

4 将切割好的形状放到已涂好饰胶的饼干表面进行黏合。

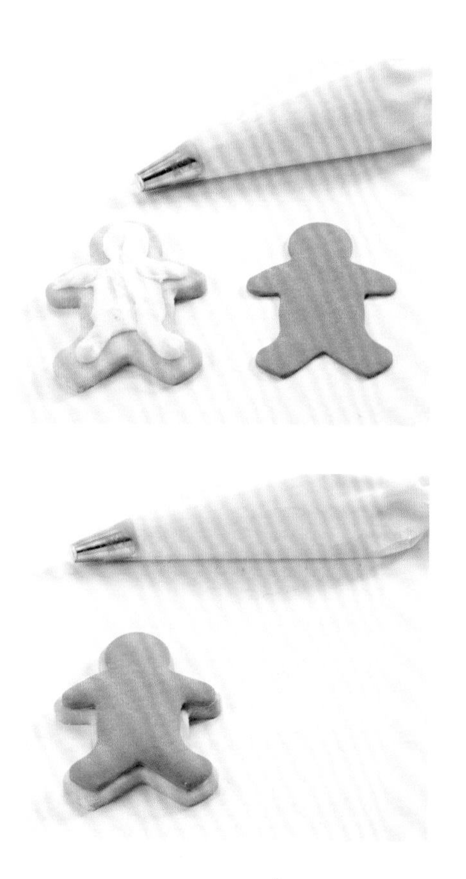

翻糖拼接

1 按照P104的步骤1~3制作翻糖膏。

2 用小号的披萨切割刀将需要颜色拼接的部分切割开，若需要割开的部位较小，可以用小水果刀。

3

1

4

2

5

3 将割好的翻糖膏放置在已涂好饰胶的饼干表面。

4 按照步骤1~3制作另一片拼接用的翻糖膏，将需要用到的部分切割开备用。

5 将制作好的部分粘在饼干表面，完成拼接。

用印花后的翻糖膏装饰饼干

1 在烤制好且已凉透的饼干表面刷一层薄薄的饰胶，饼干数较少时可以同时刷，但需注意，饰胶很容易变干。将翻糖膏揉软，在其表面轻轻撒上一层糖粉防止黏性过大。将翻糖膏移至一个防粘的平滑表面，两端放置2片2毫米厚的准度条，通过准度条进行擀制，将翻糖膏擀平，这样可以保证制成的翻糖膏厚度一致，同样，也可以使用擀面杖调节环实现上述操作。在擀制的时候，缓慢转动翻糖膏，使其受力均匀，注意不要转动过度。若在转动过程中翻糖膏变黏，需撒上一些糖粉或将糖粉揉入翻糖膏中，以增加硬度。最后擀制好的翻糖表面要避免留下糖粉，以防装饰饼干时出现白色斑点或糖粉痕迹。

2 移开准度条，将纹理垫放到工作台上。很多纹理垫是双面使用的，一面花纹是凹入的，而另一面是凸出的。将翻糖膏放到纹理垫上，用擀面杖以均匀的力度从一端开始擀制。

3 轻敲，将纹理垫从翻糖上剥离。

4 用与饼干形状一致的模具切割制作好的翻糖膏。

5 将切割好的形状放到已涂好饰胶的饼干表面进行黏合。

2

3

4

1

5

有着对比色彩的印花饼干可以先印花再进行拼接。若将有印花的部分与没有印花的部分拼接，如图中粉色和黄色拼接的彩蛋形饼干，两种颜色的翻糖厚度需保持一致，这样成品看起来更加自然。先将黄色跟粉色翻糖膏都用2毫米厚的准度条进行擀制。然后移开准度条，将粉色翻糖膏放到纹理垫上印花后，翻糖膏的厚度会小于2毫米，此时需要将黄色的翻糖膏再用擀面杖擀一次，以使两种颜色的厚度一致。

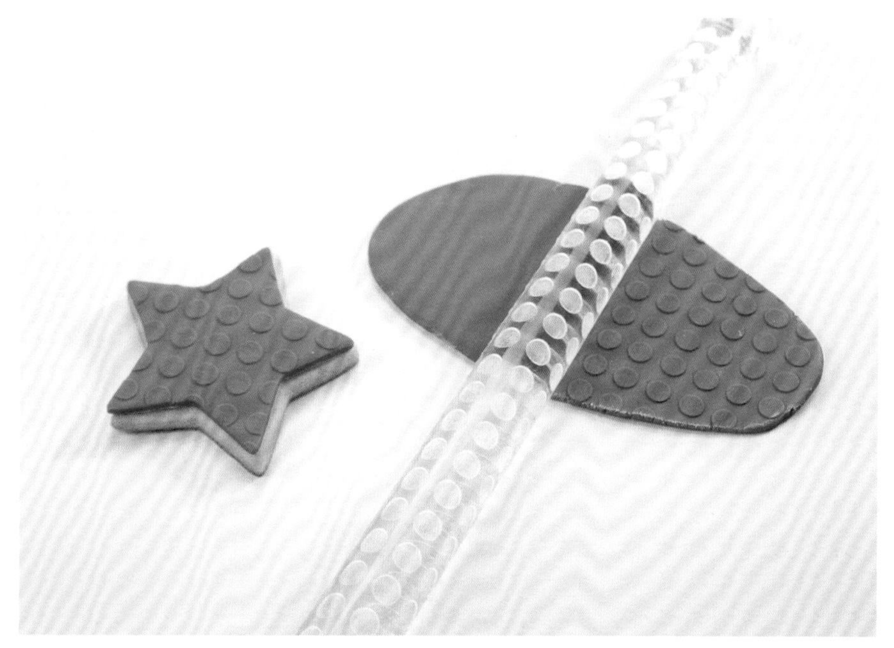

小贴士

若翻糖膏是通过纹理垫或印花滚轴进行印花，需在翻糖面团里额外加入少许糖粉。纹理垫及印花滚轴表面也可以轻轻喷上少许食用油，注意要用纸巾将额外的油吸走，若喷上的油过多，则会影响最后成品的形状。

你也可以用印花滚轴来进行印花，依照P104的步骤1和2，将准度条移走后，用印花滚轴以均匀的力度从一端开始擀制。

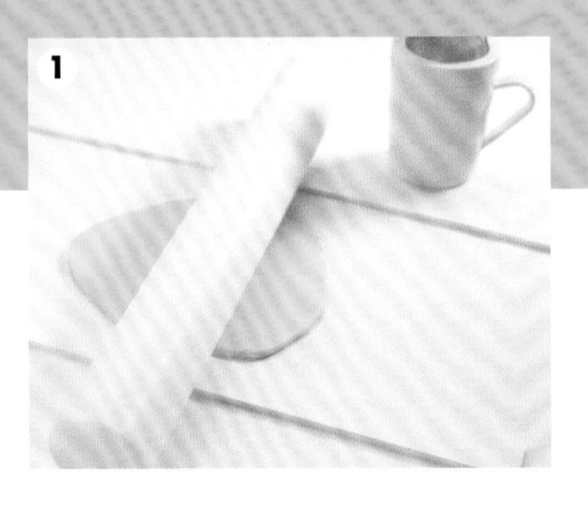

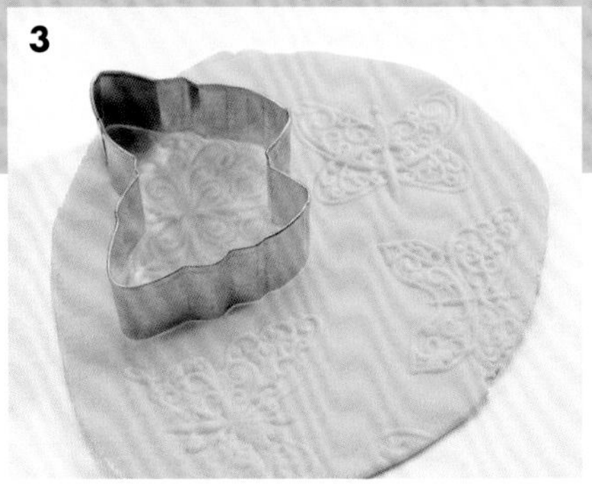

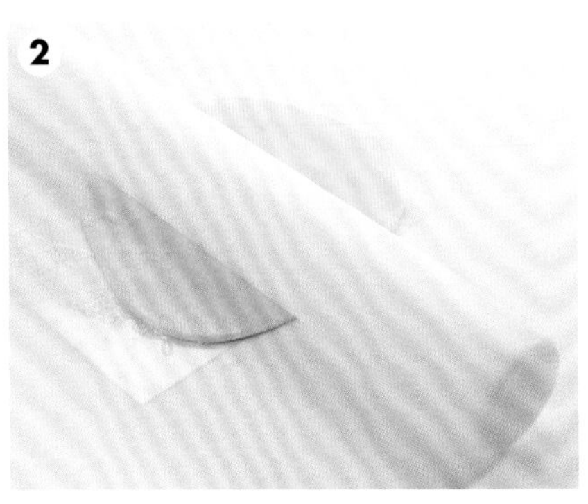

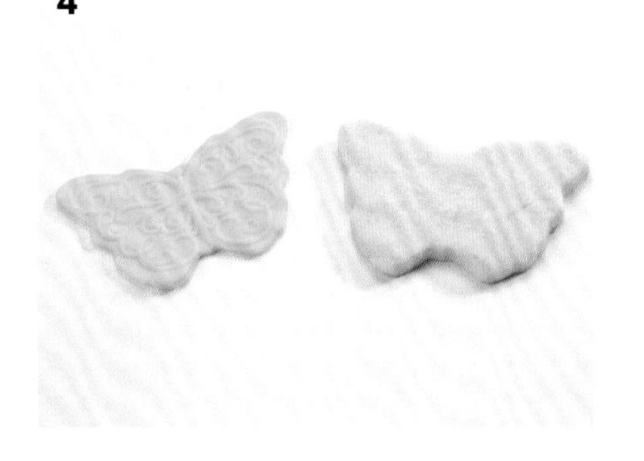

大部分套装模具配有多种纹理印花垫。例如图中的蝴蝶模具。有两种印花垫：一种是复古的旋涡状花纹，一种是传统式的图案。

印花垫与饼干模具配套使用

有些印花垫是与饼干形状的切割模具配套使用的。这种注重细节的组合可以让你轻松做出漂亮的装饰饼干。最终装饰好的饼干看起来非常自然，在下一节，我们会教你如何给这种饼干上色。

1 在烤制好且已凉透的饼干表面刷一层薄薄的饰胶，饼干数较少时可以同时刷，但需注意，饰胶很容易变干。将翻糖膏揉软，在其表面轻轻撒上一层糖粉防止黏性过大。将翻糖膏移至一个防粘的平滑表面，两端放置2片2毫米厚的准度条，通过准度条进行擀制，将翻糖膏擀平。这样可以保证制成的翻糖膏厚度一致，同样，也可以使用擀面杖调节环实现上述操作。在擀制的时候，缓慢转动翻糖膏，使其受力均匀，注意不要转动过度。若在转动过程中翻糖膏变黏，需撒上一些糖粉或将糖粉揉入翻糖膏中，以增加硬度。最后擀制好的翻糖膏表面要避免留下糖粉，以防装饰饼干时出现白色斑点或糖粉痕迹。

2 移开准度条，将纹理垫放到工作台上。很多纹理垫是双面使用的，一面花纹是凹入的，而另一面是凸出的。将翻糖膏放到纹理垫上，用擀面杖以均匀的力度从一端开始擀制。

3 轻敲，将纹理垫从翻糖膏上剥离。拿开纹理垫，用饼干模具对准相应的印花进行切割。

4 将切割好的形状放到已涂好饰胶的饼干表面进行黏合。

1

2

3

给印花的翻糖膏上色

1 按步骤做好印花翻糖装饰饼干。用液状的食用色素或喷枪浸湿泡沫图章（最好选择带有把手的小型泡沫图章），将多余的颜色用纸巾吸走。可以在一张干净的白纸上先试试色素是否过量。

2 轻柔地用图章在凸出的花纹上擦拭。

3 完成上色。

食用色素马克笔

很多特定的纹理垫适合使用色素马克笔。凸起的花纹设计应与笔相适应，否则色素会在非凸起的部分渗出。

给凸起部分上色时，需将饼干放置数小时，使翻糖表皮变硬后再上色。将食用色素马克笔与饼干表面呈一定角度（大约15°）。使笔芯的侧面（而不是笔尖），与饼干表面接触，这样也可以防止凹下的部分沾到颜色。

同样，用于凹陷部分时，也需要将饼干放置数小时，使翻糖表皮变硬后再上色。此时需将食用色素马克笔与饼干表面呈90°进行上色。

用裱花袋进行装饰

1 按步骤做好印花翻糖装饰饼干。调整糖霜的黏稠度，使其能顺利通过裱花袋，依照62页的内容进行调制。将糖霜放入裱花袋或锥形纸袋中，开一个小口。

2 将黏稠的糖霜挤入饼干的凹陷部分进行装饰。

用工具进行印花

用翻糖膏覆盖饼干表面。印花必须在翻糖膏装饰完成后快速进行，以防表面变干变硬，难以印花。不要一次性将所有饼干都进行翻糖膏装饰，否则在完成一块之后，剩余的容易干燥。要一块一块的进行操作。

将圆形花嘴呈45°角，可以制作鱼鳞状花纹。

将圆形花嘴呈80°角，可以制作卷曲的毛发花纹。

用星形裱花嘴在翻糖膏表面制作草状、头发或毛发状的效果。

用圆头工具制作眼睛或小坑的效果。

用削皮刀在翻糖膏上刻出V形刻痕，增加眼部的细节。

用削皮刀增加线形细节。

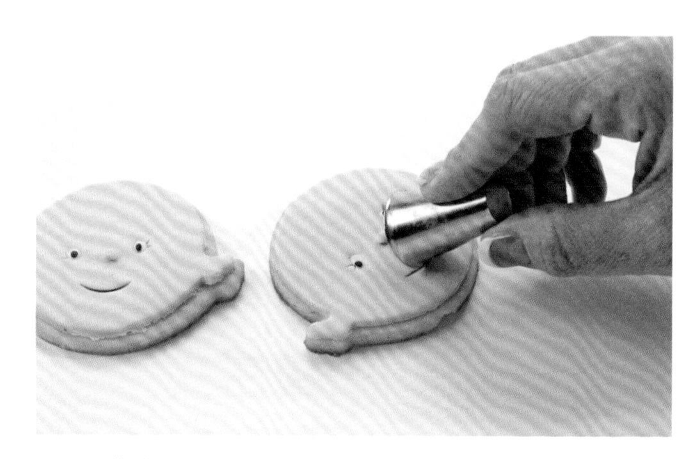

用花嘴大口一段画半圆，可以制作笑脸或哭脸。

压花器可以用于柔软的翻糖膏表面，制作出可爱的花纹。

给翻糖饼干描影

1 首先用翻糖膏装饰饼干表面，并将饼干移至揉面垫或类似的垫子上，这样做易于对描影后剩余的粉尘进行清理。

2 将需要描影的部分轻轻画上粉尘，图中展示的是水仙花瓣粉，花瓣粉可以呈现出哑光的质感。

3 若有需要，可以添加其他颜色。将其他颜色轻轻地刷到原始颜色的上方，呈现出一种柔和的过渡，也可以刷到饼干的边缘。图中展示的是蓝绿色粉，呈现出一种金属光泽。

如果你想做出漂亮的效果，最好用染过色的浅色翻糖装饰饼干，而不是白色翻糖膏。如图中所示，蝴蝶饼干用的是浅绿色翻糖膏，装饰后，饼干中间会显现出黄绿色调。

1

2

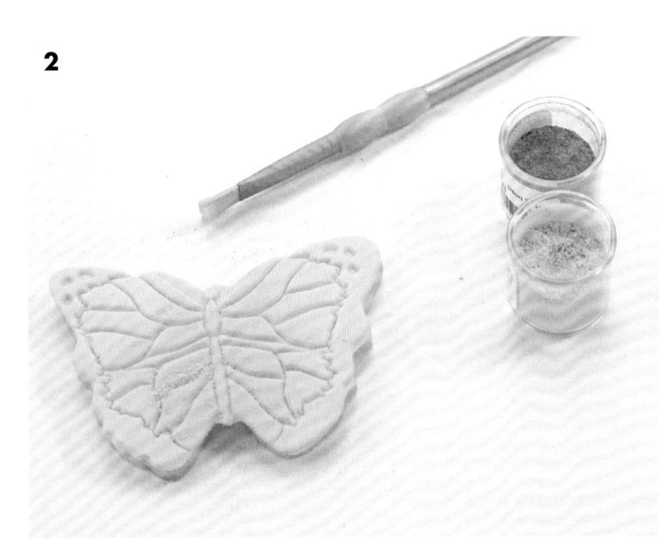

3

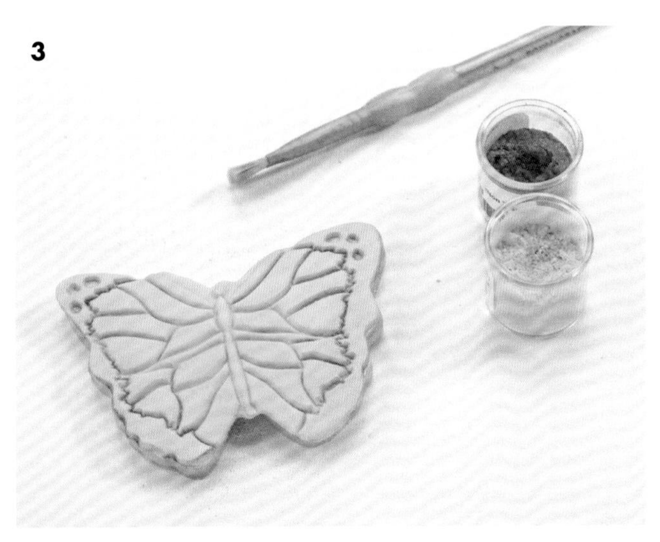

储存翻糖饼干

在室温下，翻糖饼干的储存时间最好别超过7天。如果不在做好的当天食用，最好将翻糖饼干一个个分层堆放（若饼干表面平整，没有多余装饰），或单独放置在一个大容器内（若装饰复杂，表面不平整）。切忌放入冰箱冷藏或冷冻。若容器空间太小或冷藏、冷冻储存，易导致冷凝反应，使翻糖变黏或出现斑点。

如果翻糖饼干较平整，也可以堆叠或单个放置在塑料包装袋中。若翻糖饼干装饰较为复杂，如花朵形状的饼干饰有细致的花瓣，则避免堆叠放置，否则会破坏饼干的造型。印花翻糖装饰饼干在堆叠放置时，翻糖容易缓慢回弹，使印花变浅甚至消失。因此，建议堆叠储藏之前，将翻糖饼干静置数小时，使翻糖稍微变硬，再置于包装袋中。

巧克力糖衣

巧克力糖衣装饰（CHOCOLATE CANDY COATING），又称为CONFECTIONARY COATING，CANDY MELTS，ALMOND BARK，SUMMER COATING，可以给饼干覆上一个光滑、有光泽的表面。巧克力糖衣装饰常用牛奶巧克力、黑巧克力、白巧克力或添加各种颜色的巧克力。

巧克力糖衣不同于含可可油的巧克力。含可可油的巧克力在装饰饼干时，必须进行温度调节（tempered），否则表面容易出现白色条纹，或者不能顺利进行装饰。温度调节（tempering）在此处并没有涉及，它是将巧克力融化再冷却的过程。巧克力糖衣要比这简单的多，更适合新手操作。巧克力糖衣成品比奶油霜等其他装饰都要薄一些。挤压瓶是装饰时的常用工具。转印纸可以在装饰、上色时使用。巧克力糖衣对温度非常敏感，注意不要将经巧克力糖衣装饰过的饼干放在温暖的地方，否则糖衣会很容易融化。

融化巧克力糖衣原料

巧克力糖衣的熔点很低，在融化时要格外小心，防止焦掉，并且要避免掺入水或蒸气。注意：本部分指导仅限于巧克力糖衣，如果操作过程中有用到真正的巧克力，必须进行温度调节。将巧克力片或巧克力碎放在微波专用碗中，微波30秒，搅动。再微波，再搅动，直到巧克力呈融化状，将其从微波炉中拿出，搅拌至完全融化，选用有嘴的碗会更方便地将巧克力糖衣倒入挤压瓶中。

给巧克力糖衣上色及调味

市面上有很多已经调好颜色的巧克力糖衣可供我们选择。如果你想自己调色，需要选择油性的食用色素进行染色。食用色素凝胶、固体色素或水状色素都不能用于给巧克力糖衣染色。粉状食用色素也是一种选择，但在加入巧克力之前，需要先将色素粉在起酥油中溶解。粉状色素容易给巧克力留下斑点，而油性色素则可以避免这一问题。在调味时建议使用浓缩调味剂，在每磅（约540克）巧克力中加12~15滴浓缩调味剂即可，不要使用普通调味剂或以水、酒精为基底的调味品。

用挤压瓶制作巧克力糖衣

1 将巧克力糖衣材料放入挤压瓶，如果有必要，需要将开口剪至合适的大小。在冷却好的饼干表面画出轮廓，然后静置几分钟。

2 静置一段时间后，可以进行轮廓内填充。填充时挤出薄薄的一层，若挤的过多，巧克力糖衣会从边缘溢出。在填充的过程中，受填充糖衣的影响，轮廓温度会上升融化，不足以挡住溢出的多余糖衣。

3 将饼干放在手上轻拍，使糖衣变得均匀。

1

2

3

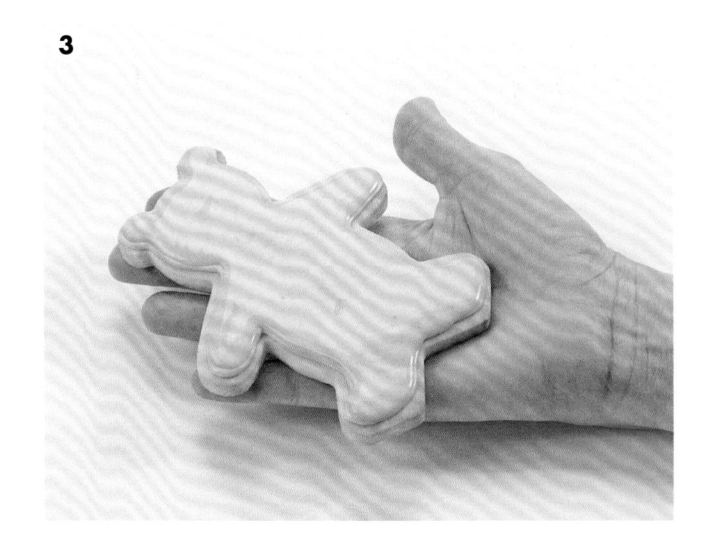

用浸入法制作巧克力糖衣

1 将制好并冷却的饼干浸入巧克力糖衣中。

2 按压饼干使其完全浸入，待巧克力糖衣全部覆盖饼干后，用小工具辅助，使糖衣均匀，尤其注意饼干的边缘部分。

3 沿着容器的边缘小心将饼干取出，放在一张羊皮纸上。这样我们就制作出一块全部沾满美味糖衣的饼干。

4 静置几分钟使糖衣凝固，若糖衣边缘不平整，可用剪刀进行修剪。

1

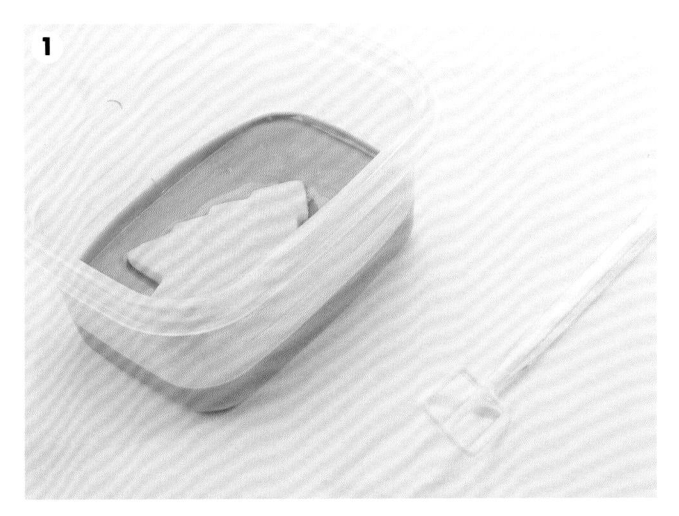

2

3

4

1

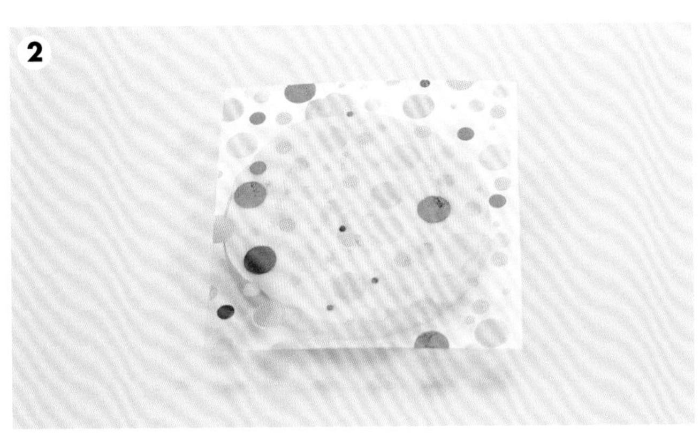
2

3

使用巧克力转印纸

1 剪一块大小适合的巧克力转印纸。依照之前的步骤用挤压瓶或浸入法给饼干做糖衣。

2 饼干的糖衣做好后，趁着糖衣温度较高，立即将转印纸覆上进行印花。

3 将饼干放在室温下静置几分钟，然后移除转印纸。想要得到更好的效果，可以将带着转印纸的饼干放入冰箱冰藏几分钟。

巧克力糖衣的颜色会影响转印出的花纹的效果，若想要呈现最佳效果，其颜色应该与花纹颜色形成对比。图中的例子呈现的是同样的花纹在黄色、绿色和白色糖衣上的不同效果。

使用市面上售卖的表面较平的夹心饼干或普通饼干，可以结合转印纸快速简便地制作出富有创意的装饰饼干。

小贴士

动作要迅速，在巧克力凝固之前完成转印工作。

选择在室温较低的室内制作（22℃或以下），可以更好地保证转印的效果。若室温过高，移除转印纸后糖衣的颜色会变暗。若过高的室温无法避免，可在移除转移纸之前将带有转印纸的饼干放入冰箱内静置10分钟。

添加细节

将巧克力糖衣放入锥形纸袋、挤压瓶或裱花袋中。剪出一个极小口的锥形纸袋是最佳选择，挤压瓶或开口较大的锥形纸袋在使用的时候比较难控制糖衣的量。用顶端轻触糖衣饼干表面，小心挤压出糖衣。由于装饰的巧克力糖衣是液体状态，所以很容易溢出过多，要小心轻柔挤压。

我们也可以用一种名为“candy writers”的管状糖衣进行装饰。这种管状糖衣有多种颜色可供选择，比自己配置更加干净方便。当然，锥形纸袋跟挤压瓶可以做出多种不同的装饰，但管状糖衣是孩子参与制作时的首选。

将管状糖衣用毛巾包住放入平底锅中加热可以使里面的糖衣融化，也可以放入微波炉中加热，但注意不要温度过高造成糖衣沸腾或烧坏胶管。每次融化的时间不要过长，几秒即可，中间可以用手揉捏掌握融化的程度。不要将管状糖衣直接放到热水中，这样容易沾湿出口影响装饰效果，也可能会使水进入管中，使糖衣难以挤出。

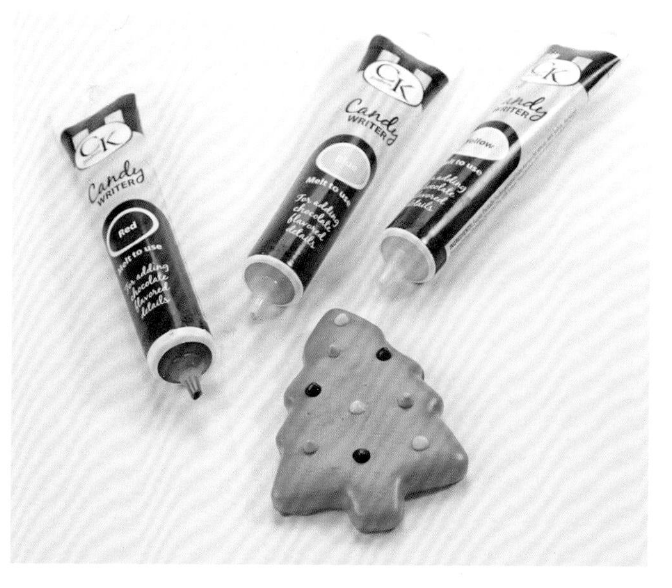

将预先做好的糖果装饰物（像图中所示的雪花）在糖衣未凝固之前放到饼干表面，可以依靠糖衣的黏度“粘住”。若糖衣已经凝固，可以取一点未凝固的糖衣将装饰物粘合到饼干表面。

小贴士

若管状糖衣、挤压瓶、锥形袋的开口在挤压过程中堵住，可以用较细的针状物疏通。

储存巧克力糖衣饼干

将巧克力糖衣饼干储存在室温下并在7日内食用完毕。若当天不食用，最好将它们分层放置在一个有盖的宽松容器内，不要冷藏储存。若容器空间有限或放入冰箱，有可能造成冷凝，使饼干粘连。

巧克力糖衣饼干凝固得较为迅速，可以在装饰完一两个小时后装在独立包装袋中。

巧克力糖衣饼干在较低室温下可以储存的较完好，坚固的糖衣可以使它们比别的饼干更强韧，不易碎裂。但是巧克力糖衣饼干比较怕高温，需要在较低室温下才能更好的储存。

保持巧克力糖衣的温度

在装饰时保持锥形袋、挤压瓶、管状糖衣或碗中剩余糖衣的温度，可以用干毛巾包裹后放入锅中加热，也可以用电热毯等器物辅助加热。注意避免温度过高造成糖衣沸腾或烧坏胶管。

蛋液釉

这种糖衣由蛋白跟糖粉的混合物制成。可以使用经巴氏消毒过的蛋白，避免摄入沙门氏菌。蛋液釉是给饼干塑性常用的一种薄釉，可以在给饼干进行细节描绘前加上微微的光泽及光滑的质感。这种釉通常在饼干烤好并冷却之后使用，至少需要1小时的时间来晾干，之后可以对饼干进行细节上色。这种糖衣并不会很甜，若想增加糖衣的甜度，可以在饼干背面加上奶油霜或巧克力糖衣。

配方：

- 蛋白1个
- 糖粉65克

搅拌蛋白，使其体积变大、变膨松，并筛入糖粉，继续搅拌直到糖粉充分溶解。将制作好的蛋液釉刷到烤好并放凉的饼干表面。

给饼干上色

1 用蛋液釉涂抹饼干表面，并放置至少1小时使其变干，待饼干晾干之后就可以进行上色了。在调色盘中倒入少量水，并加入食用色素调匀，注意用量，上色之前可先在一张白纸上进行颜色测试。

1

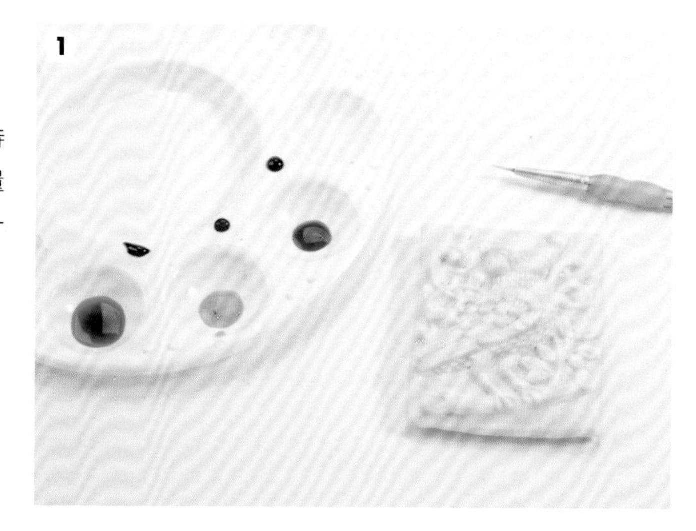

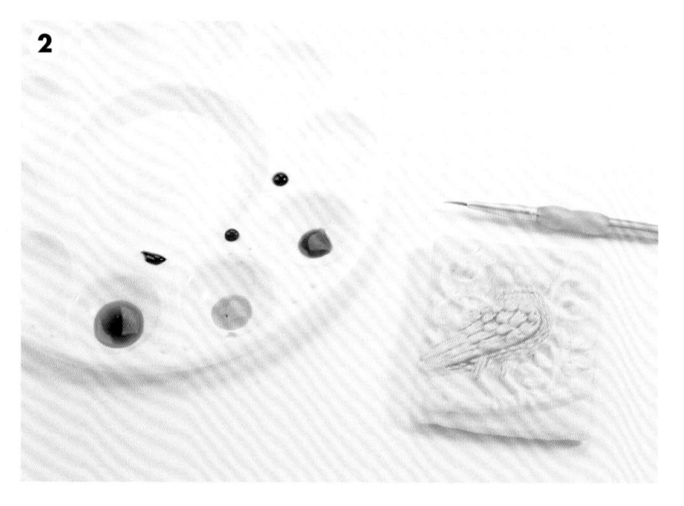

细头的食用色素马克笔也可用于给这种饼干上色。

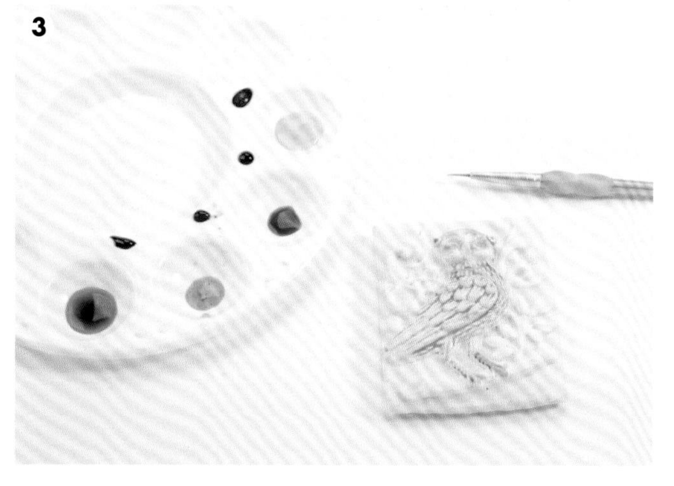

2 用一只纤细的毛刷进行上色工作。

3 将食用色素挤到调色盘的上边缘，可用于制作深色的阴影，上色之前可先在一张白纸上进行颜色测试。

储存蛋液釉饼干

经蛋液釉加工的饼干可以储存在室温下，在2~3天内食用完毕。最好将他们分层放置在一个有盖的宽松容器内。

上过色的蛋液釉饼干可以在色素完全干燥后（一般至少需要6小时）放置在大盘子或玻璃纸袋中。若食用色素没有用水稀释，饼干有可能会变黏，粘在玻璃纸袋中。

图案集

若你对这些饼干的材料及做法有兴趣，请浏览网站http://www.creativepub.com/pages/cookiedec-orating或www.cookiedecorating.com

小婴儿饼干：流质糖霜（P64）和蛋白糖霜细节装饰（P74）

蓝色婴儿袜饼干：巧克力糖衣（P114）

庆祝毕业饼干：流质糖霜（P64），大理石花纹流质糖霜（P71）和蛋白糖霜细节装饰（P74）

丛林动物饼干：流质糖霜（P64）和蛋白糖霜细节装饰（P74）

丛林动物脸饼干：巧克力糖衣（P114）

小昆虫饼干：巧克力糖衣（P114）

和平与爱饼干：饼干切模（P23），流质糖霜（P64），大理石花纹流质糖霜（P71）和蛋白糖霜细节装饰（P74）

小猫与老鼠饼干：流质糖霜（P64）和蛋白糖霜细节装饰（P74）

摇滚饼干：饼干切模（P23），流质糖霜（P64），大理石花纹流质糖霜（P71），蛋白糖霜细节装饰（P74）和闪粉装饰（P130）

海盗饼干：饼干切模（P23），流质糖霜（P64），大理石花纹流质糖霜（P71）和蛋白糖霜细节装饰（P74）

运动球类饼干：翻糖装饰（P100）

昆虫画饼干：在饼干表面作画（P78）

自然元素饼干：蛋液釉（P120）和闪粉装饰（P130）

巴黎元素饼干：流质糖霜（P64）和蛋白糖霜细节装饰（P74）

情人节大理石饼干：流质糖霜（P64），大理石花纹流质糖霜（P71）和蛋白糖霜细节装饰（P74）

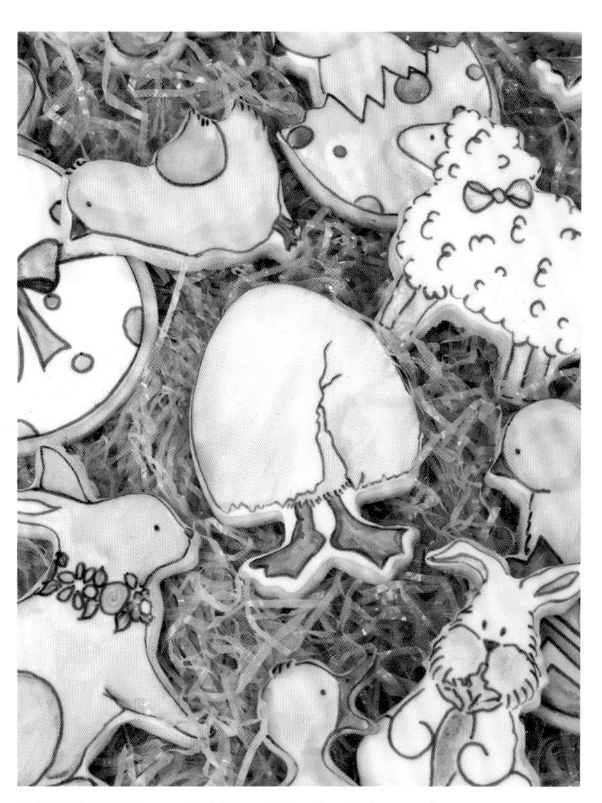

复活节画饼干：在饼干表面作画（P78）

万圣节面孔饼干：翻糖装饰（P100），蛋白糖霜细节装饰（P74）和闪粉装饰（P130）

猫头鹰饼干：饼干切模（P23），流质糖霜（P64）和蛋白糖霜细节装饰（P74）

冬日世界饼干：流质糖霜（P64）和蛋白糖霜细节装饰（P74）

圣诞彩灯饼干：流质糖霜（P64）

姜饼男孩与姜饼女孩：巧克力糖衣（P114）

圣诞老人与麋鹿饼干：流质糖霜（P64），大理石花纹流质糖霜（P71）和蛋白糖霜细节装饰（P74）

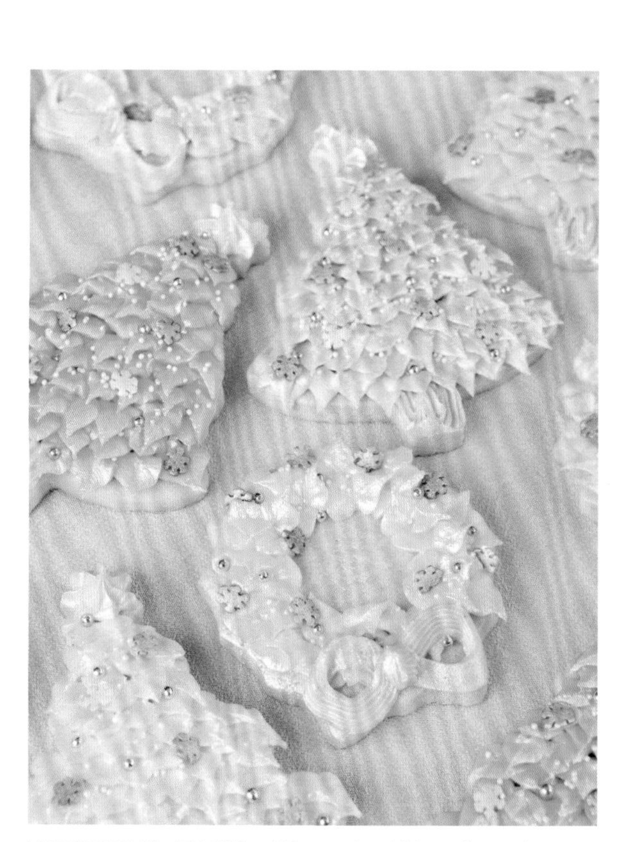

粉彩圣诞树与圣诞花环饼干：奶油糖霜（P82）和闪粉装饰（P130）

圣诞老人画饼干：蛋液釉（P120）

你值得拥有的各种装饰技巧

现在你已经学会很多基础的饼干装饰技巧了，在这一部分将开始学习利用各种工具给饼干添加装饰的方式。本章的很多工具可用于基本的饼干糖衣，如翻糖或流质糖霜。饼干糖衣制作好后，很多用工具制作的细节装饰品，如植绒、刷绣、镂空等，可以添加在饼干上。

让饼干变得闪亮

市面上有很多种产品可以给饼干添加光泽，其中很多产品已经通过了美国食品及药物管理局（FDA）的认证批准，还有一些虽然无毒但未经过FDA批准。有一些产品未获得在美国销售的许可，但在其他国家可以作为食品销售，比如食用闪粉（Dusting powder）。食用闪粉可以涂撒在干燥的饼干表面，呈现多种金属光泽，如金色、银色、古铜色等，还有多种带微光的颜色。珍珠闪粉有一种白色的微光，花瓣粉则有一种哑光效果。食用闪粉可以在饼干制作完成后使用，饼干完全干燥后，刷一层闪粉使其带上一层微光。在饼干上作画时，可以用闪粉制作金属部分。在向饼干上刷闪粉时，粉质的颗粒并不明显。另一种不会呈现颗粒的产品是金属色食品喷雾。金属色食品喷雾是给奶油霜饼干添加光泽的最佳选择。Edible glitter是一种小的、无味的薄片，在光线下可以呈现出闪亮的效果。迪斯科粉（Disco dust）又称为奇幻粉（Mystical dust）或仙女粉（Fairy dust），也是一种常用的增添光泽的产品，但只推荐用于装饰时。糖沙（Sanding sugar）是一种较粗糙的颗粒，可以增加光泽跟较脆的口感。粗饰糖（Coarse sugar）可以增加更多光泽跟脆度，但因为较大，不适用于小号的饼干。本章会详细阐述如何使用这些材料。在装饰时，可以在饼干下垫揉面垫或羊皮纸，以收集多余的粉状材料，然后用V形漏斗倒回原容器中。

用食用闪粉装饰饼干

1 待糖衣完全干燥后，将饼干移至一张羊皮纸上，以收集多余的粉状材料。

2 取一只干燥的大号柔软刷子，蘸取部分食用闪粉，刷在饼干上。注意：若饼干是用翻糖装饰，可以随时用食用闪粉装饰，不必等它变硬之后。

3 继续刷上闪粉，直到饼干被完全均匀覆盖。最后收集羊皮纸上残留的闪粉，装回容器中。

刷闪粉小贴士

如果饼干是用奶油霜装饰的，在刷闪粉时，刷头可能会给饼干表面留下压痕。为了避免这种情况，可以将饼干放在冰箱中冷藏几分钟，刷的时候逐个拿出来进行装饰。

用食用闪粉调制染料涂色

1 在颜料盘中将食用闪粉与粮食酿造的白酒混合，调至均匀状态。注意：也可以用没有混入柠檬汁的柠檬油代替白酒。但用柠檬油调和的染料金属色不会那么重。

2 用调好的金属色染料进行细节修饰。

1

2

用金属喷雾装饰饼干

1 将要装饰的饼干紧密地放在一张羊皮纸上。

2 将喷漆罐距饼干约30厘米处轻轻喷涂，使上色均匀。

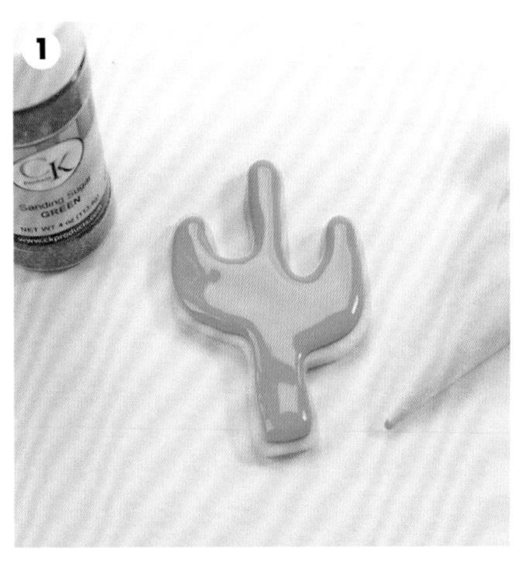

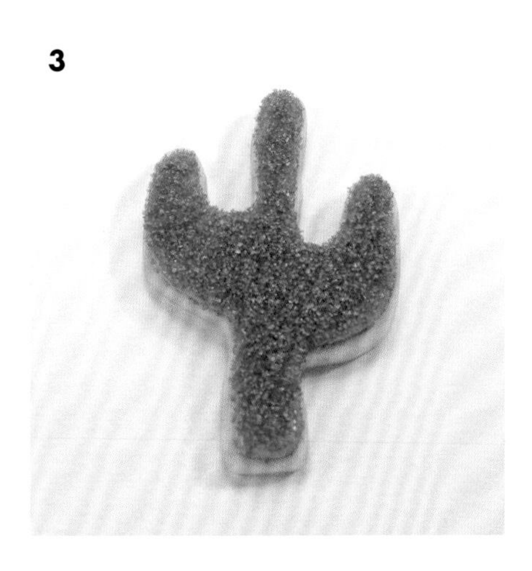

用糖沙装饰饼干

1 用你喜欢的方式给饼干制作糖衣，将糖衣饼干移至一张羊皮纸上，以收集多余的糖沙。

2 在糖衣依然湿润的时候撒上糖沙。

3 拿起饼干，去除多余的糖沙。

糖沙装饰小贴士

如果糖衣表面已经干了，或者用的是翻糖装饰，可以先在表面涂一层饰胶，再将糖沙撒到饼干表面。

给砂糖染色

1 将白砂糖放入密封塑料袋中，也可以用粗原糖，但可能影响最终的效果。将适量食用色素粉或食用闪粉放入塑料袋中，色素粉的量取决于你想要的颜色效果。可以先加少量，然后慢慢增加，直至达到期望效果。

2 将塑料袋密封，摇匀。

白色糖片、颗粒或砂糖都可以用色素粉染色。图中的白色雪花糖片是用孔雀蓝闪粉装饰的。

有光泽的、光滑的糖衣小颗粒可以染上一层柔和的颜色。图中的糖珠是用红色光泽闪粉装饰的。

用胶状色素染色

胶状食用色素也可以用于给砂糖染色。挤适量胶状色素在白砂糖中，挤压并摇动塑料袋，使颜色分散开。色素中的水分可能会使砂糖干燥之后结块，轻捏塑料袋，将结块的砂糖捏碎即可使用。

可食用的亮片

1 用你喜欢的方式给饼干制作糖衣并晾干，本例中的树状饼干使用的是流质糖霜。

2 在会用到亮片的区域挤上糖衣。

3 在糖衣依然湿润的时候撒上食用亮片。

4 移走饼干并移除多余的亮片。

亮片装饰小贴士

如果糖衣表面已经干了，或者用的是翻糖装饰，可以先在表面涂一层饰胶，然后再将食用亮片撒到饼干表面。

1

2

迪斯科粉装饰

1 将饼干糖衣完全装饰好后，移至一张羊皮纸上，以收集多余的粉状材料。将饰胶加一点清水混合，制造一种淡淡的上釉效果。

2 将调和好的饰胶刷在需要装饰的区域。

迪斯科粉装饰小贴士

迪斯科粉需要在湿润的糖衣上使用，但极细颗粒的迪斯科粉可能会被糖衣吸收，融为一体。发生这种情况时，多撒一些迪斯科粉，使糖衣上的颗粒明显一些。

3

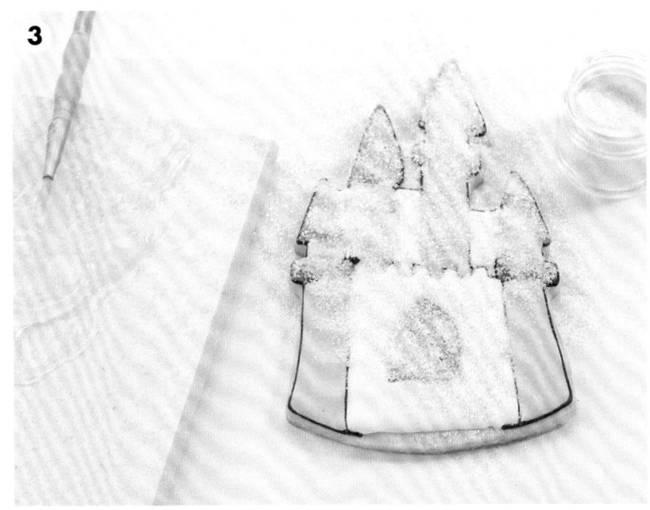

4

3 撒上迪斯科粉。

4 移走饼干，并移除多余的粉。

打孔装饰

用特定的装饰工具给饼干加上精致的蕾丝效果。再用双层不同颜色的翻糖给饼干进行装饰。为了保证整体的口感，基底的饼干应该有翻糖的2倍厚度。用蛋白糖霜勾勒装饰的时候通常选用比较小的花嘴，如果糖霜内有粉末状混合物时一定要注意搅拌均匀，否则可能会堵塞裱花嘴。

1 揉制松弛两种颜色的翻糖膏，在表面轻撒上一层糖粉，取其中一块移至撒上糖粉的平滑表面，两端放置两片2毫米厚的准度条，通过准度条进行擀制，将翻糖膏擀平。在擀制的时候，缓慢转动翻糖膏，使其受力均匀，注意不要转动过度。若在转动过程中翻糖膏变黏，需撒上一些糖粉或将糖粉揉入翻糖膏中，以增加硬度。最后擀制好的翻糖表面要避免留下糖粉，以防装饰饼干时出现白色斑点或糖粉痕迹。重复以上步骤，将另一种颜色的翻糖膏加工完成。

1

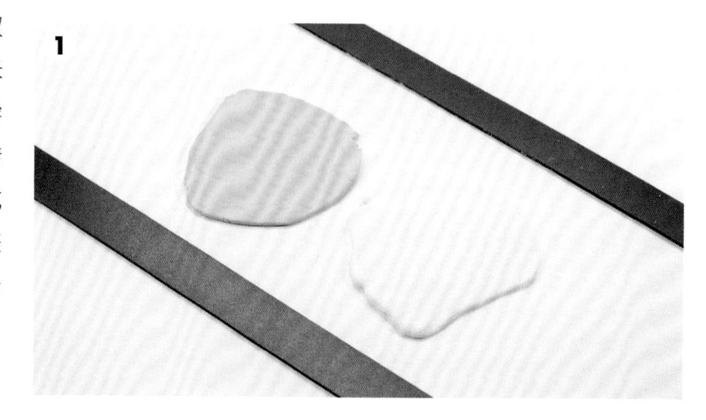

2 将两种颜色的翻糖堆叠，压紧，使两片翻糖粘附在一起。检查一下两者是否已经粘紧，没有的话，在中间刷一点水，能够帮助两片翻糖黏在一起。在烘焙好的饼干表面刷一层薄薄的饰胶。用与饼干相同形状的模具给翻糖膏切割出同样的形状，并将翻糖粘到已处理好的饼干上。

2

3 用打孔工具压制翻糖，需注意，打孔工具应穿透第一层翻糖，但不应穿透第二层翻糖。注意不要用力过度，压碎饼干。

3

4

6

5

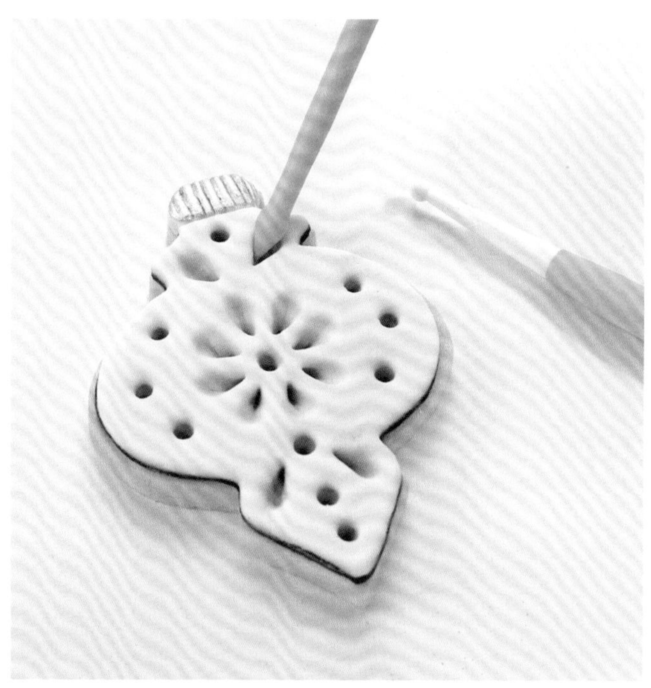

4 拿开打孔工具，用牙签或针状工具将孔中的剩余翻糖膏小心地挑出，若饼干能从孔中露出，则说明已经穿透了第二层翻糖。

5 用一端圆球状一端尖细的整形工具修整孔洞，使其边缘变得平滑，并使两层翻糖膏更加贴合。

6 进一步修饰饼干细节。

各种模型打孔工具可以在修饰饼干时广泛使用。用一个锥形整形工具与饼干呈45°角按压可以做出花瓣效果，也可以用圆球状工具或圆柄刷子的刷柄呈90°角，制造小圆孔。

絮状效果装饰

絮状效果装饰是用可食用的细小颗粒勾勒出线条，制造反差效果的装饰方式。糖沙是这种装饰常用的材料，其他可食用小颗粒状材料也可以用于这种装饰。黄糖也可用于这种装饰，但它的光泽没有那么闪亮。

制作这种装饰时，饼干上的糖衣必须是坚硬的。制作好坚硬的糖衣后再进行细节修饰并撒上可食用颗粒。用于描绘轮廓的材料要与糖沙等食用颗粒的颜色相近。例如：如果底色糖衣跟轮廓材料是白色的，而装饰用的糖沙是红色的，底色就容易透出来，所以应该用红色的材料描轮廓并用红色糖沙装饰。可以把糖沙放在一个挤压瓶中，在瓶端剪一个大一点的洞，便于糖沙倒出。

制作流质糖霜絮状轮廓

1 给饼干制作流质糖霜糖衣，并静置数小时或放置一夜，使表面硬化。然后将饼干放到揉面垫或羊皮纸上，用2号花嘴准备好裱花袋，放入中等稠度的蛋白糖霜。持裱花袋呈45°角，花嘴轻触饼干表面挤出糖霜，勾勒饼干轮廓。过程中可以随时移开裱花袋进行调整，注意挤压裱花袋时要用力均匀，直至轮廓全部描绘完毕。

1

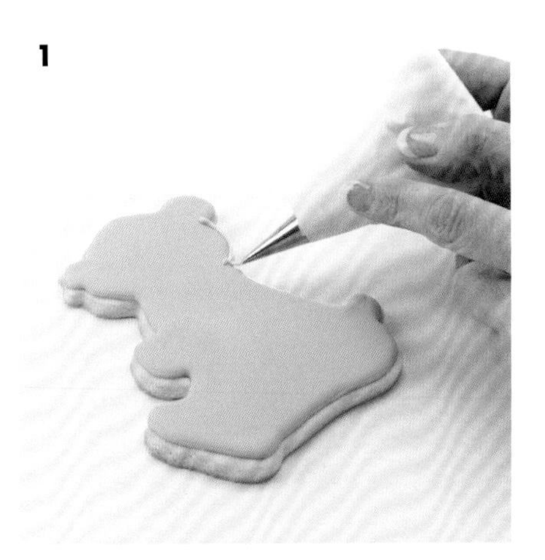

2

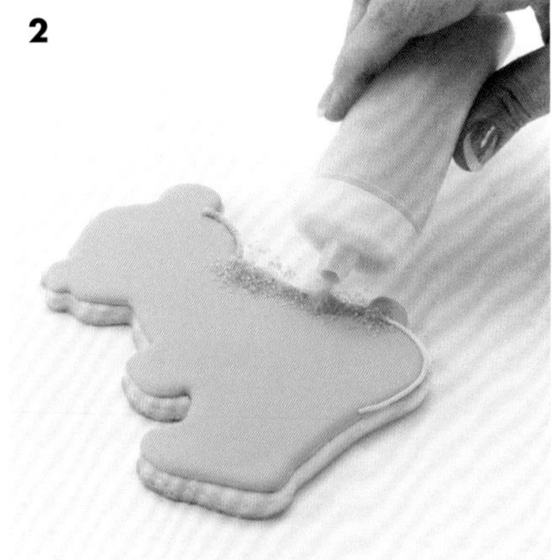

2 趁蛋白糖霜勾出的轮廓还没干的时候撒上糖粉，将饼干翻过来，去除多余的糖粉，糖粉将只黏在蛋白糖霜勾边的部分。

3 将饼干静置数小时或放置一夜，使勾边部分干燥，然后用一把柔软的小刷子轻刷饼干表面，拂去多余糖粉。

3

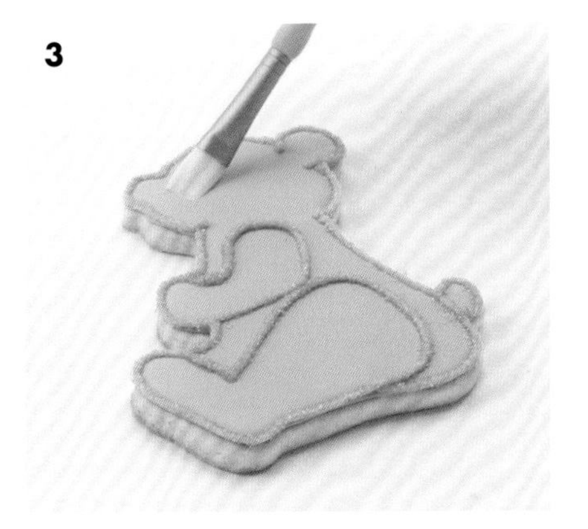

小贴士

若饼干有许多线条需要描画，可以将全部图案分成几部分一点点进行装饰。

1

2

3

4

制作大面积的流质糖霜絮状图案

1 给饼干不使用絮状装饰的部分制作流质糖霜糖衣，并静置数小时或放置一夜，使表面硬化。然后将饼干移到揉面垫或羊皮纸上。

2 给需要絮状装饰的部分涂上流质糖霜。

3 趁该部分流质糖霜还没有变干，立即撒上糖沙。

4 将饼干静置数小时或放置一夜，使勾边部分干燥，然后用一把柔软的小刷子轻刷饼干表面，拂去多余糖粉。

如果在做絮状装饰时需要多种颜色，如图中的蜜蜂造型，则最好选择将糖粉直接撒在湿润的糖衣上而不要选择饰胶方式。可以先进行一种颜色的装饰，完成之后静置数小时使其干燥后，再进行另一种颜色的制作。

翻糖可以代替流质糖霜对饼干进行表面装饰，然后再用蛋白糖霜进行轮廓勾勒。

奶油霜也可以用于替代流质糖霜，注意一定要等到奶油霜完全干燥后再进行絮状装饰。勾勒轮廓时与之前的步骤相同，只是用奶油霜替代蛋白糖霜。

在进行絮状图案装饰时，糖制糖衣可以用于替代流质糖霜。在勾边装饰时，用糖制糖衣给饼干制作糖衣，并静置数分钟。在裱花袋中加入糖制糖衣，并用2号花嘴进行装饰。糖制糖衣的流动性比普通糖衣和奶油霜都强，所以挤压裱花袋时要格外轻柔，防止溢出。

糖沙不是进行絮状装饰的唯一选择，其他可食用颗粒也可选用。图中两个圣诞帽就是选用了不同形状的小颗粒装饰出的效果。

小贴士

- 若糖衣表面干燥变硬，或使用的是翻糖糖衣，则可以在其表面刷一层饰胶，再将装饰品撒在饰胶上。之后将饼干翻面，移除多余的装饰物，使其只黏在需要装饰的部分。
- 装饰时将饼干放在一张羊皮纸或油纸上，便于收集多余的零碎装饰材料。
- 可以将糖粉放入挤压瓶中，便于控制糖沙的量，不会使用过多或过少。

用小刷子进行装饰

使用刷子装饰可以给饼干制造各种花边，可以用在固体状但膨松的糖衣上，以制造花纹。若刷子的笔触没法清晰看出来，则说明使用的蛋白糖霜太薄，应该加上一些糖粉使蛋白糖霜更加凝固。传统的刷子装饰常常用白色的糖霜，用于翻糖表皮或流质糖霜的釉面装饰。用3号花嘴可以装饰2英寸~4英寸的花（5.1~10.2厘米大小），1号或2号花嘴可以装饰小一点的花朵，而大于5英寸的花（12.7厘米）可以用4号或5号花嘴。

用刷子装饰花朵形状的饼干

1

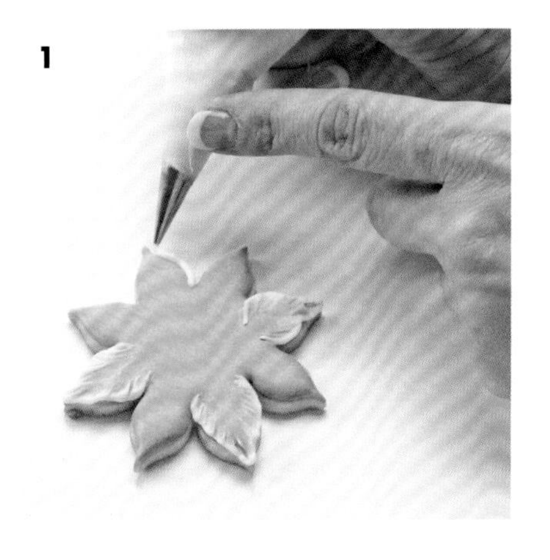

2

3

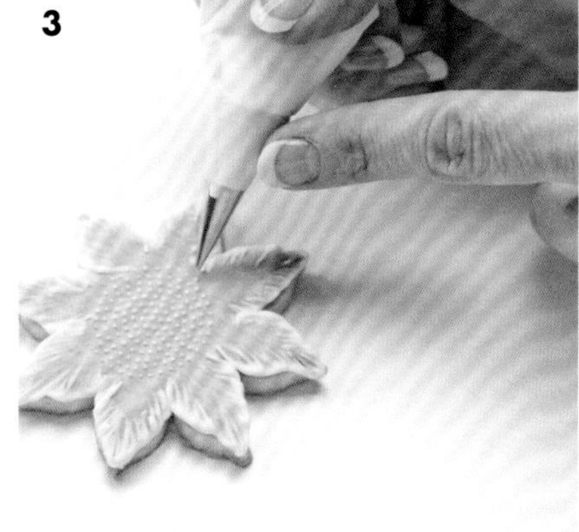

1 用翻糖或流质糖霜装饰烤好的饼干。将凝固状的蛋白糖霜放入裱花袋，选用3号裱花嘴，用糖霜给饼干描边。

2 描边后立刻用平头、湿润的小刷子轻轻按压。刷子要与饼干表面呈45°角，然后向花瓣的中央轻拖。注意由花瓣边缘向中央，花纹要由重变轻，呈现晕染效果。

3 重复以上步骤，装饰每一片花瓣，留出时间使其干燥。待其干燥后添加其他装饰——在花蕊的部分用一些小点进行装饰能使饼干看起来更漂亮。

一般刷子装饰会使用白色糖霜，但用有颜色的糖霜装饰花瓣可以使饼干看起来更加与众不同。

1

3

2

4

用刷子装饰花朵形花纹

1 用翻糖装饰烤好的饼干，然后在翻糖表面依然柔软的时候，用花朵形状的模具切出形状。为了最终的效果更好，最好将翻糖表皮一个个地分别制作，若批量制作，则需要在装饰之前用塑料纸袋将饼干盖住，防止表皮提前变干。

2 在裱花袋中装入凝固状的蛋白糖霜，选择2号花嘴，给花朵描边。

3 描边后立刻用平头、湿润的小刷子轻轻按压。刷子要与饼干表面呈45°角，然后向花瓣的中央轻拖。注意由花瓣边缘向中央，花纹要由重变轻呈现晕染效果。

4 重复以上步骤，装饰每一片花瓣，留出时间使其干燥。待其干燥后添加其他装饰——在花蕊的部分用一些小点进行装饰能使饼干看起来更漂亮。

如果想用流质糖霜代替翻糖，则可以先用流质糖霜制造饼干糖衣，徒手画上蛋白糖霜，写上字，或用P148展示的装饰方法进行装饰。

小贴士

在对蛋白糖霜进行修饰时，要保持刷子干净且湿润，可以放一个装水的碗随时冲洗刷子，注意要将刷子上多余的水挤掉。

镂空筛网

镂空的筛网模板可以快速地在饼干上画出合适的形状，但必须保证饼干表面平整光滑。翻糖跟流质糖霜表面是使用这种方法最好的装饰基底，不过也可以选用其他糖衣。流质糖霜糖衣在装饰之前必须完全干燥。用镂空筛网进行细节装饰时可以用奶油霜代替蛋白糖霜。在使用奶油霜做糖衣时，可能细节不会展示的非常明显，将奶油霜静置数小时，使其变硬。

用糖霜绘制图案

1 按照P60的做法制作蛋白糖霜。如有需要，可以在糖霜中加少量水进行稀释，然后把镂空模具放到覆好糖衣的饼干上。

2 将一小堆糖霜放到模具的一端。

3 用小号抹刀将糖霜薄薄地摊平。

4 移除模具。

1

3

2

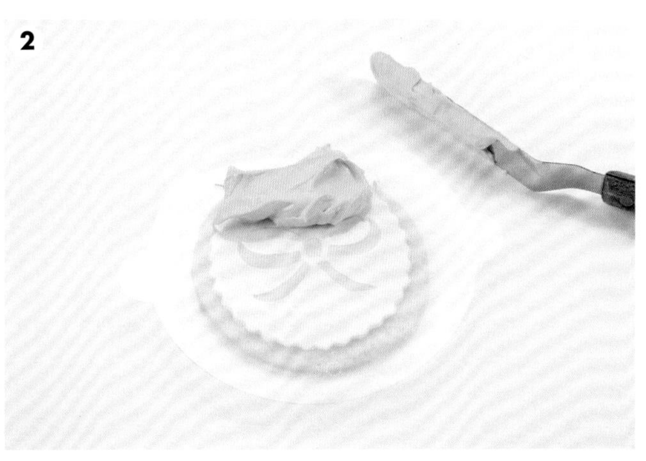

4

用食用色素画花纹

有糖衣的饼干可以通过镂空筛网，用刷子蘸取色素直接作画。装饰要在翻糖表面干燥后再进行，否则刷毛容易在翻糖表面留下凹陷。若要取得最佳效果，最好在饼干糖衣完成一天之后再进行操作。用流质糖霜装饰的翻糖饼干表面也很光滑，需要格外注意。

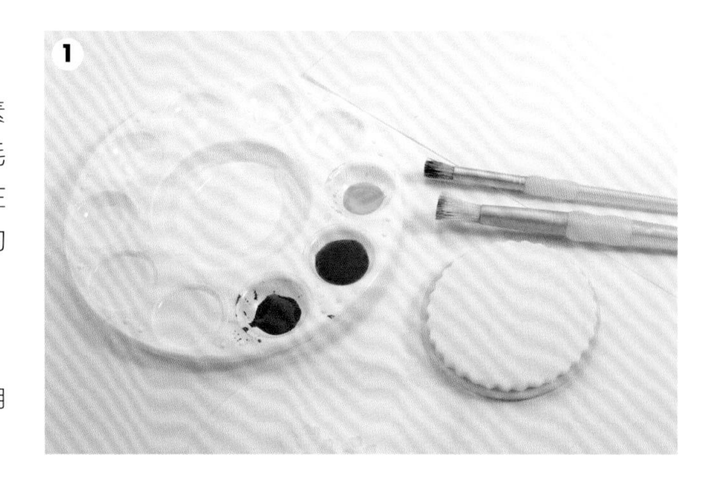

1 用白色的翻糖或流质糖霜给饼干制作糖衣，静置数小时，使翻糖或流质糖霜的糖衣干燥变硬。在调色盘中倒入食用色素，加适量水调匀。

2 用刷子蘸取食用色素，用一张纸巾吸收掉多余的水分，这个步骤也可以让你预先看到调出颜色的浓淡。若颜色过浓，可以加一些白色食用色素中和。然后将镂空筛网放在饼干上，用不持刷子的手扶住筛网使其稳定，然后用刷子进行描画。在换用另外一种颜色之前，记得要洗掉刷子上多余的残留颜色。

3 移除模具。

小贴士

若是使用食用色素描画的时候模具产生位移，可以在模具的背面抹一点点植物起酥油，将其黏在翻糖或流质糖霜上。

可食用的糖霜纸

可食用的糖霜纸是用食用色素将图案描画在可食用的纸上，用于给饼干增加漂亮的图案，增添各种乐趣。这种纸本身没有味道，易于粘附在液体状的糖衣表面（如奶油糖霜或流质糖霜）。糖霜纸有边缘形、整页形和丝带形。其中整页形的糖霜纸用途更广，规格一般为10.2厘米×25.4厘米（8英寸×10英寸），可以用于装饰一些5.1~7.5厘米（2~3英寸）的饼干。边缘形多为6.4厘米×25.4厘米（2.5英寸×10英寸），用于小号的饼干，或者给大号饼干添加细节图案。丝带形糖霜纸可以快速给饼干添加彩色的条纹。

你可以买一台食用色素的糖霜纸打印机，自己在家制作糖霜纸图案。如果觉得购买打印机费用过高的话，也可以到当地的烘焙店询问是否提供糖霜纸打印服务。使用的图片需要注意版权问题，最好取得相关作者的授权之后再进行打印使用。

糖霜纸可以粘附在潮湿的糖衣表面，若糖衣是有颜色的，可能会与糖霜纸的颜色混合，改变原本的图案。例如，如果饼干的糖衣是粉红色的，则糖霜纸的白色部分也会变成粉红色，而糖霜纸的所有黄色部分则会变成橙黄色。白色的糖衣就不会对糖霜纸的颜色造成影响。

糖霜纸的储存非常重要，室温下最好将其紧紧密封在塑料袋中。若糖霜纸背面的纸难以揭掉，可以将其放置在冰箱中两分钟。

装饰用奶油霜或流质糖霜做糖衣的饼干

1 将制作饼干时使用的模具放到糖霜纸上，用食用色素马克笔沿着模具形状画出轮廓。制作饼干时，尽量挑选棱角少的模具，这样更易于糖霜纸的装饰。

2 沿着轮廓剪出合适的形状，将有图案的一面朝上放在料理台上，并在饼干表面制作相应的糖衣。

3 把糖霜纸背面的纸揭掉，再将糖霜纸覆在饼干糖衣上，用手掌轻按糖霜纸使其粘紧，注意不要破坏上面的图案。

小贴士

如果奶油糖霜或流质糖霜已经变干，糖霜纸就无法粘附在饼干表面，此时可以在饼干表面轻刷上一层饰胶。

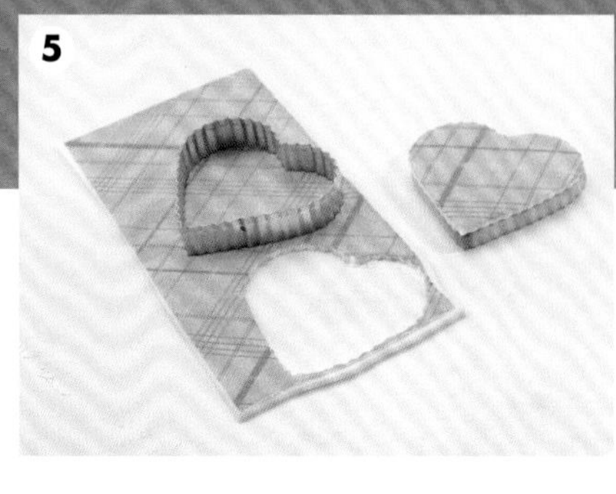

带颜色的糖衣可以给糖霜纸的白色部分染色。图中的南瓜饼干使用了橙色的奶油糖霜装饰，而上面的糖霜纸则是白色带有黑色花纹的。

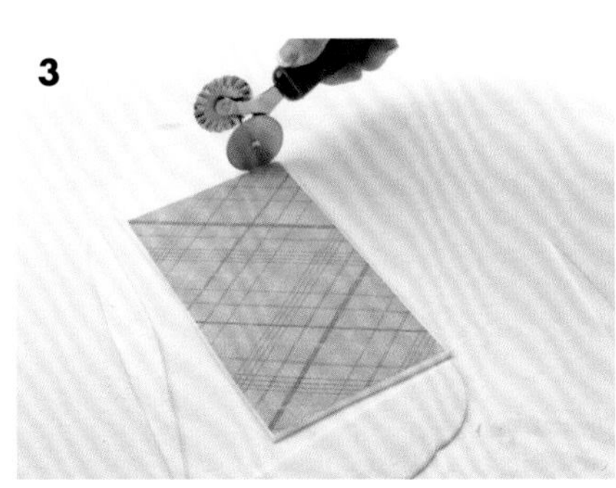

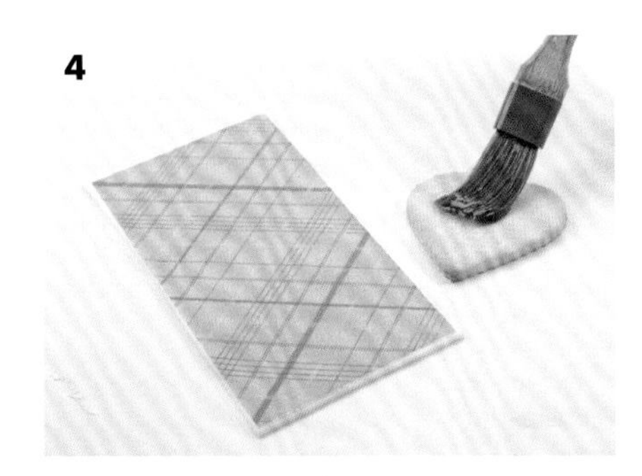

装饰用翻糖做糖衣的饼干

1 揉制足够糖霜纸大小的翻糖膏，并将其擀至2毫米厚，揭掉糖霜纸背面的纸。

2 将糖霜纸翻面，在其背面刷上适量饰胶。

3 把糖霜纸覆在翻糖膏上，轻轻按压。用披萨滚轮切掉多余的翻糖膏。

4 在已烤好的饼干表面用刷子涂上饰胶。

5 使用与饼干形状相同的模具切割翻糖，小心移开模具，并覆在刷好饰胶的饼干上。移动翻糖的时候要小心，不要将其弄皱。

小块的翻糖可以用于对饼干的局部装饰。用一小部分糖霜纸装饰翻糖，再切下来用饰胶粘在饼干上。

完美地印字或作画

当有很多饼干需要做相同的装饰时，最好有一个统一的标准图案，这样会更加专业。

我们将介绍两种完美作画的方式。一是铅笔装饰方式，可以很好地用于浅色的糖衣表面。使用无毒的铅笔在硬化的浅色糖衣表面印上图案。注意不能使用对人体有害的材料，这种方式还没有得到相应的食品许可。若想要使用食品许可的方法，可以用针刺装饰方式进行作画。针刺方式常用于奶油糖霜糖衣、巧克力糖衣、刚装饰好的翻糖糖衣或硬化的流质糖霜糖衣。在这两种方式中，图案转印到饼干上后，铅笔印或者针孔需要作为画轮廓的辅助。这两种方式都可以用流质糖霜来先勾勒线条（参照公主饼干），也可以直接用流质糖霜进行大面积绘图（参照猴子饼干）。本书P64有对流质糖霜的详细介绍。如果用铅笔方式，可以用色素马克笔进行描画。

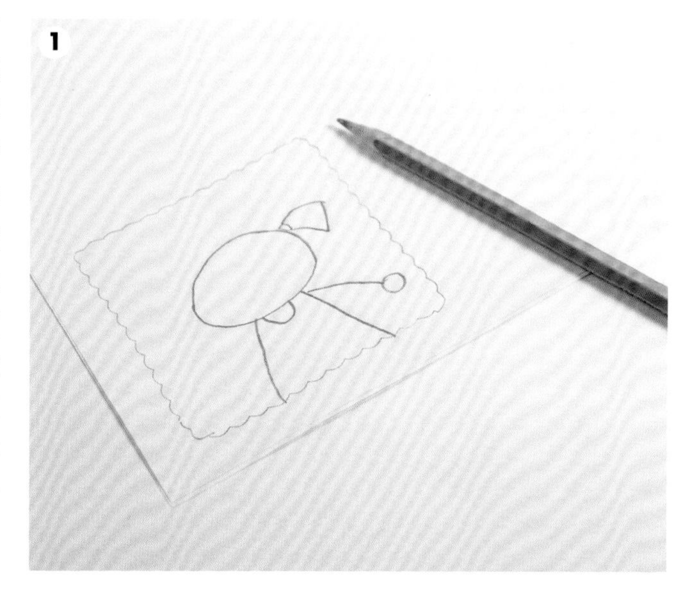

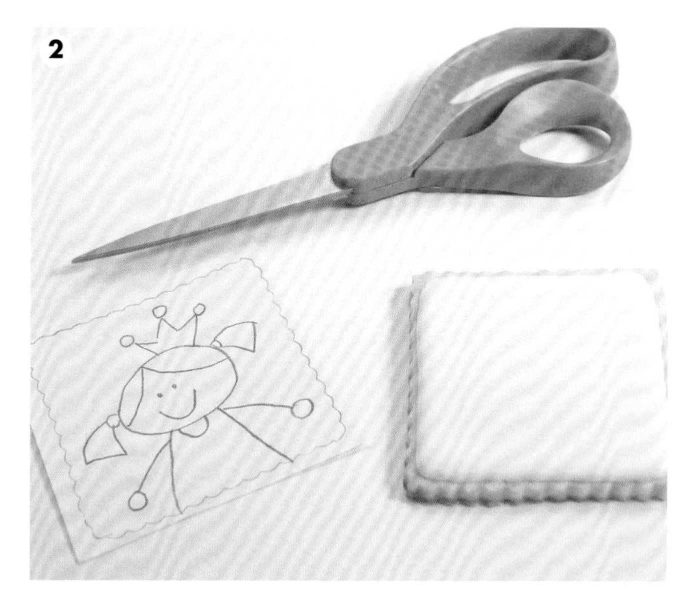

设计图案

1 用铅笔在纸上描绘出饼干的形状，并在区域内设计图案。图案可以只由简单曲线跟点组成，也可以详细到展示很多细节。手绘或在电脑上制作并打印出来，图案可以参照现有的填色书、剪贴簿或贴纸。如果想要取得好的效果，可以用软件设定好需要的字体跟样式。如果图案包含一些文字，需要在纸的背面特别标记，注意在转印的时候不要出现反了的镜像文字。

2 沿着饼干的轮廓剪纸，然后用铅笔装饰方式或针刺装饰方式装饰饼干。

铅笔装饰方式

1 将烤好的饼干放凉，并做好糖衣。放置一晚使流质糖霜糖衣或翻糖糖衣变硬。按照P148步骤1和2所示准备好图案。将纸翻过来倒扣在饼干表面，使设计好的图案接触糖衣。

2 在图案背面均匀涂画，注意固定好图案，不要使纸滑动。

3 移开带有图案的纸，糖衣上将会留有模糊的印子。

4 将流质糖霜装在裱花袋中，沿着印子描绘图案。1号花嘴适用于5.1厘米×10.2厘米（2~4英寸）大小的饼干，15号或2号花嘴适用于装饰大一些的饼干的花朵，而0号花嘴专用于小饼干。具体做法可以查阅本书74页。

1

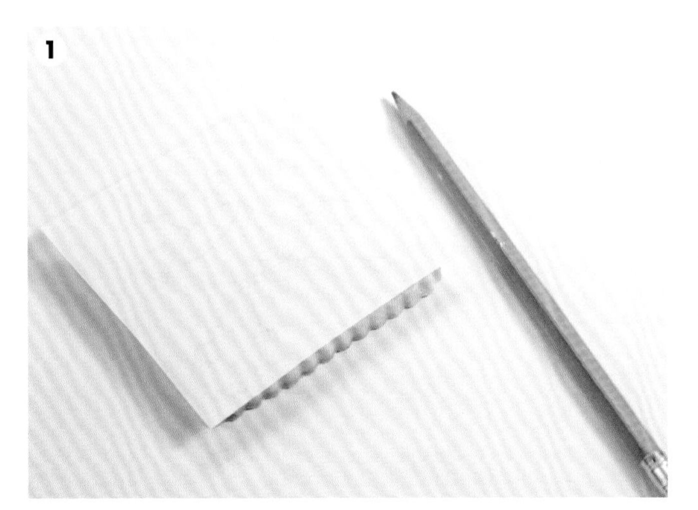

3

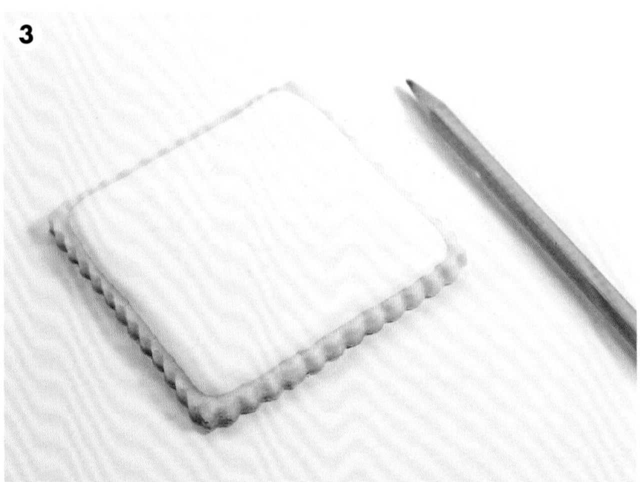

2

4

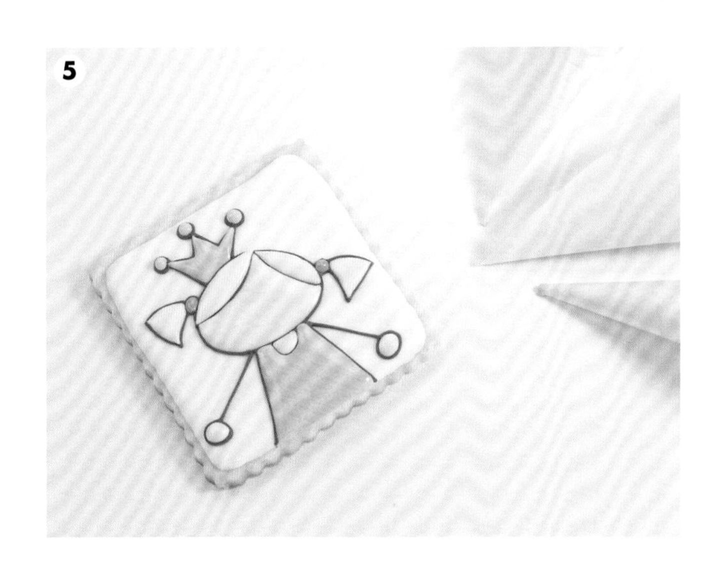

5 用流质糖霜在线条内涂色。

6 如果需要添加更多细节，如小女孩的脸部，需再用花嘴进行细节追加。

也可以用食用色素马克笔代替流质糖霜，用同样的步骤进行作画。

针刺装饰方式

1 这种方式适用于柔软的翻糖糖衣表面，略硬化的奶油糖霜、流质糖霜和装饰好的巧克力糖衣。如果使用翻糖糖衣，需要在糖衣刚制作好，翻糖还柔软的时候就进行装饰。按照P148步骤1和2所示准备好图案。将画有图案的纸放在饼干表面，用一根大头针在饼干糖衣上沿着图案戳点。注意不要使纸滑动。

2 移开带有图案的纸，露出针孔的痕迹。

3 沿着针孔的痕迹用流质糖霜装饰。

4 如果需要添加更多细节，如猴子的五官，需再用花嘴进行细节追加。

1

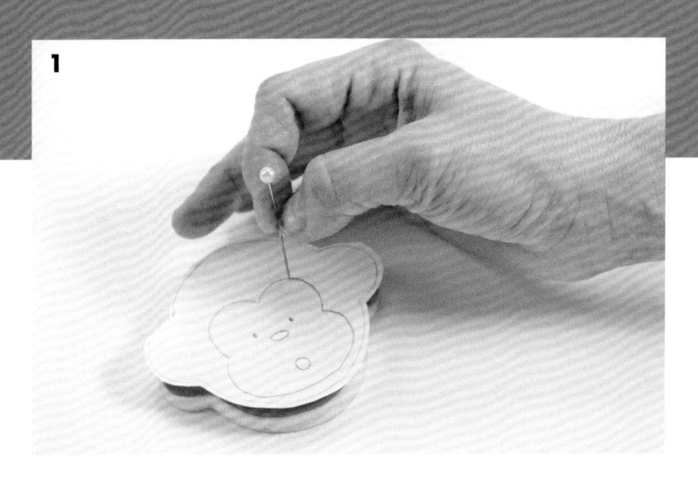

2

3

4

用翻糖添加细节装饰

用翻糖给饼干添加细节装饰，这种小装饰可以是任何一种材料——奶油糖霜、巧克力或翻糖膏。本书接下来介绍的都是用翻糖膏来装饰细节的例子。本书P100介绍了翻糖膏的制作方法与具体信息。我们也可以用干佩斯与翻糖膏共同进行装饰。

虽然干佩斯可以吃，但是它很难变干，我很少用干佩斯直接装饰，除非饼干最后是用作其他用途，而不是用来吃——比如用作圣诞装饰。干佩斯作为装饰材料也有很多好处：它很难变干，且不像翻糖膏那样容易变脆。干佩斯可以擀得比翻糖膏更薄，可以很好地形成花瓣的形态。作为饼干装饰材料时，干佩斯消耗较大，且味道较淡，可以考虑用翻糖膏跟干佩斯以1：1的比例进行制作。这种比例是最好的选择，可以做出比翻糖膏更细致的细节感，又不像干佩斯那样难变干。本章介绍了两种方法来配置1：1的糖衣面团。不管是用翻糖膏、干佩斯还是1：1的糖衣面团，都要始终将面团盖好，防止表面干燥。这几种材料都可以上色，具体步骤可参照本书51页的方法。需要注意的是，如果装饰用的面团揉制过度，会变硬，此时加入一点起酥油或者蛋白可以使其恢复柔软，然后将其用糖水浆糊或饰胶粘在饼干上。

配方：

尼古拉斯·洛奇的干佩斯配方

- 125克新鲜蛋白
- 950克糖粉
- 35克泰勒粉
- 20克固体植物起酥油

将蛋白放入搅拌器中，高速搅拌10秒，将蛋白打散。然后将搅拌器调到最低速率，缓缓加入700克糖粉，得到柔软的糖衣。再将搅拌器调到中档，搅拌2分钟，使蛋白呈现湿性发泡状态。此时蛋白会有光泽，看起来像蛋白霜，搅拌器提起时呈现的角无法直立。如果想要在这一步进行染色，可以在此时加膏状或胶状食用色素，注意色素的分量，此时的颜色需要比你想要的颜色更深些，才能在最后达到理想的状态。再将搅拌器调整至低速搅拌约5秒钟，期间调入泰勒粉。最后再高速搅拌几秒钟，使搅拌物变浓稠。把搅拌物取出放置在撒了部分糖粉的料理台上。在手上抹上起酥油，开始揉制搅拌物。加入剩余的糖粉，揉成柔软不黏手的面团。用手指捏起部分面团，可以检测其黏性，你的手指上应该干净无残留。将做好的面团放入拉链自封袋中，并在外面再套一层袋子密封好。使用之前，将糖衣面团在较低的温度下静置24小时使其熟化。在用其装饰时，可以分成小块，抹上起酥油使用。如果想要在这一步进行染色，可以少量一点一点的加入色素，直到调出你想要的颜色。用不到糖衣面团时，要将其放入冰箱中，并一直放在拉链自封袋中，可以储存6个月。

简易干佩斯配方

- 450克翻糖膏
- 15克泰勒粉

将泰勒粉揉入翻糖膏中。

1：1糖衣面团

- 一半干佩斯
- 一半翻糖膏

将干佩斯、翻糖膏分别揉至柔软，然后将两者混合，揉至均匀。

1：1糖衣面团是翻糖膏与干佩斯的混合物。这个配方常用于给饼干添加细节性装饰时给翻糖膏增加韧性，不能够直接用作饼干表面的糖衣。

可食用黏合剂

这个配方是用来制作可食用的黏合剂，用于将干佩斯和翻糖装饰黏在饼干上。注意，如果需要黏合的两部分都是较柔软的，就可以用蛋白代替黏合剂。由于这种食用黏合剂干了之后会有光泽，所以使用的时候要小心不要溢出，否则会留下能看见的痕迹。泰勒粉是一种成品胶，要注意使用食品级的材料。

- 15克泰勒粉
- 360毫升水

将水煮开，倒入泰勒粉搅拌，直至全部溶解，放入冰箱冷却。

饰胶

饰胶可以在市面上买到，是一种透明无味的可食用黏合剂。使用饰胶时要小心不要溢出，饰胶在干燥后也会留下能看得见的痕迹。

面团挤压器

我们可以用面团挤压器来制作条状装饰和花纹，并可以使成品的厚度保持一致。压面器套装包含可替换的压花片。

1 将翻糖膏或干佩斯揉好，取大约跟挤压器长度相当或略短的圆柱状面团。

2 从挤压器前端放入面团。

1

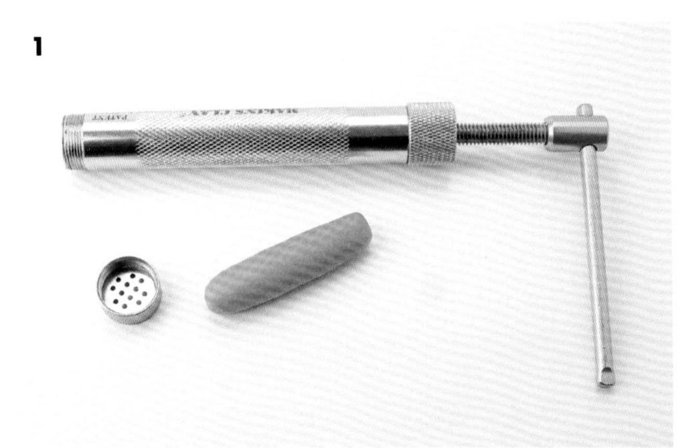

2

3 选择需要的压花片装到挤压器上。

4 转动把手，挤压面团。

5 用带有薄刀片的削皮刀或抹刀将挤压出的面团切下，然后用饰胶装饰到饼干上。

3

4

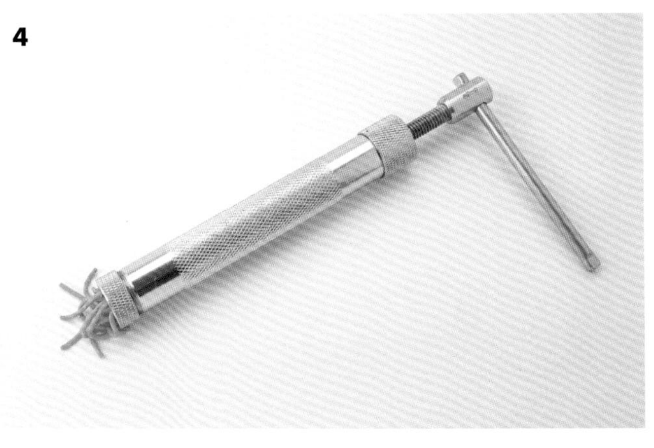

5

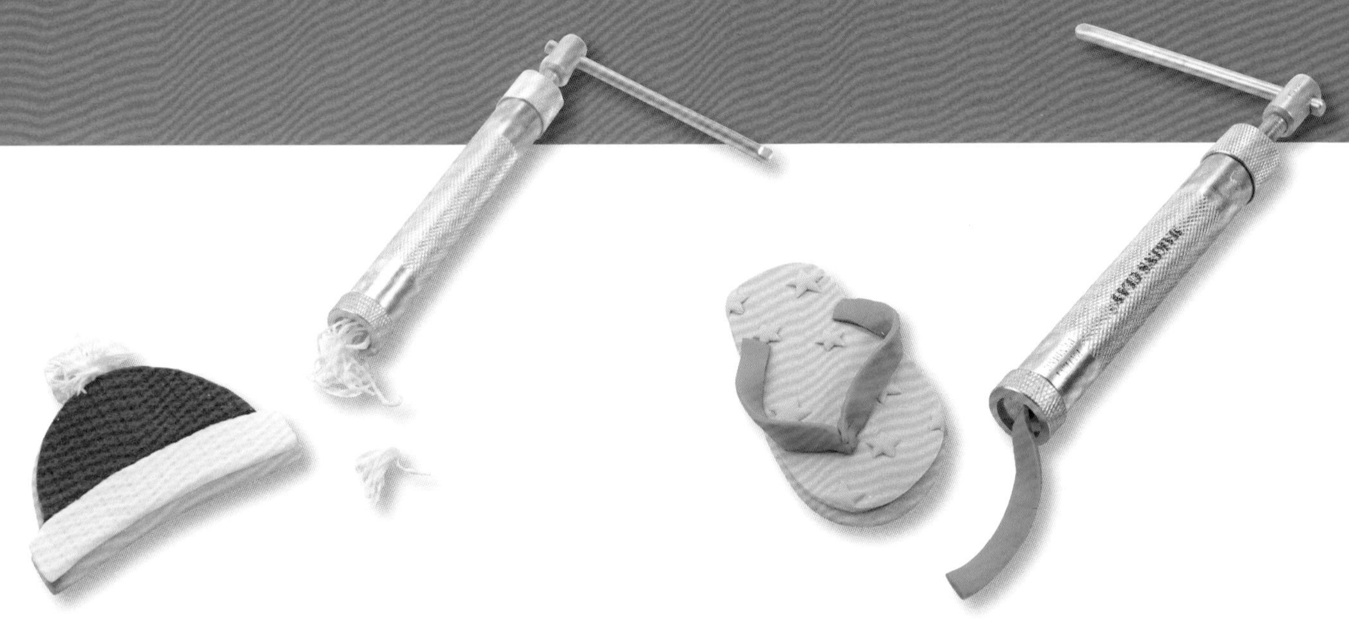

多个圆孔的压花片可以制作头发、稻草或皮毛。

片状压花片可以制作缎带或扁带。

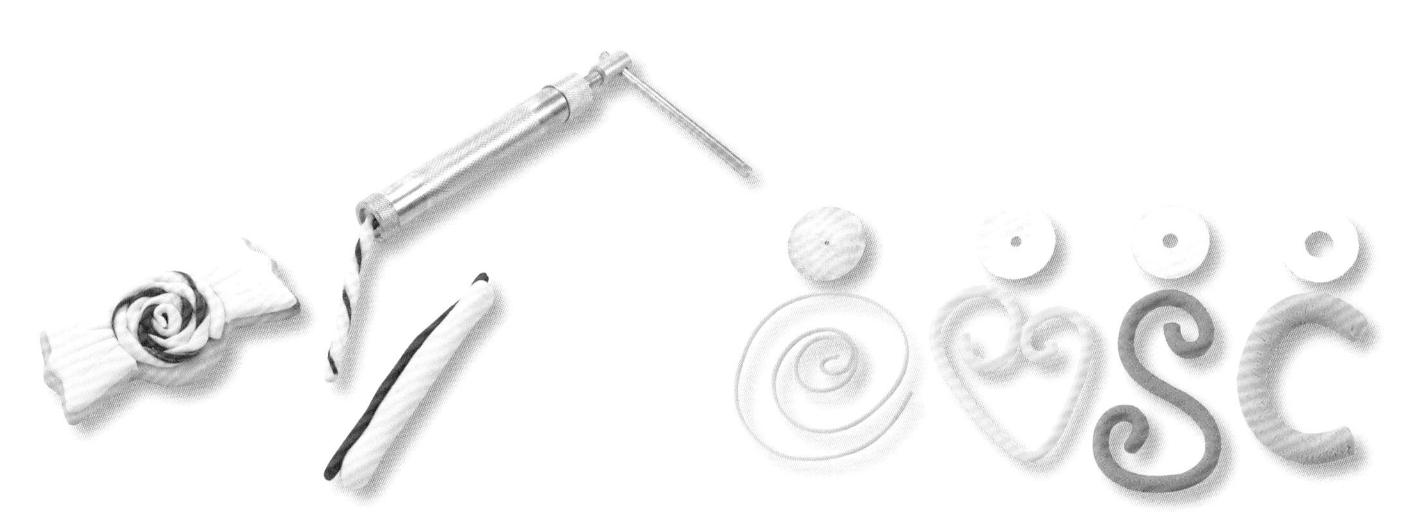

三叶形压花片可以制作绳状装饰。翻糖膏从压面器中挤出后，可以将几股面团扭成绳子，也可以做出多种颜色的组合绳。

大多数压花器有多种压花片可供选择，能够制作出各种花样。单个圆孔的压花片可以制造藤条、花径、字母和边缘线等。

小贴士

如果使用压面器的时候感到很吃力，可以试着将面团处理变软。将面团从压面器中取出，放入微波炉中加热2~3秒，直到它变软，再放回到压面器中继续试一下。处理翻糖膏时要注意不能过热，否则就无法很好地制作出细节性的装饰。

1

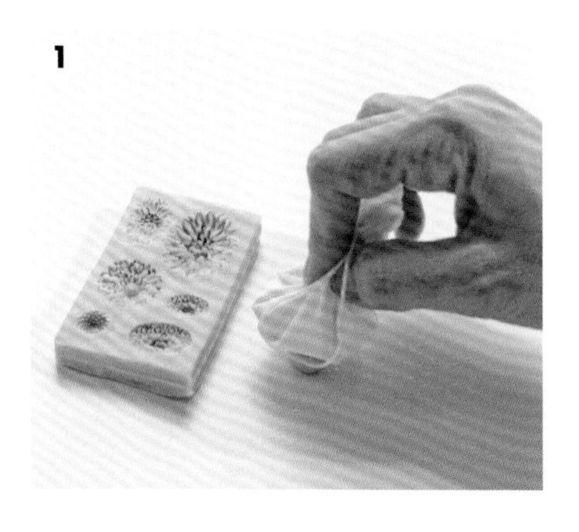

2

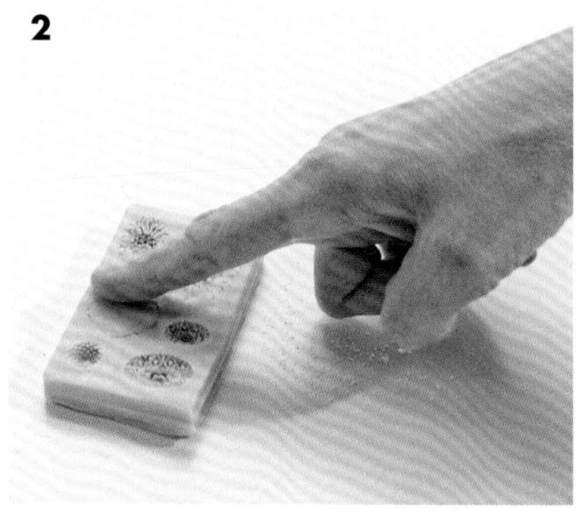

3-1

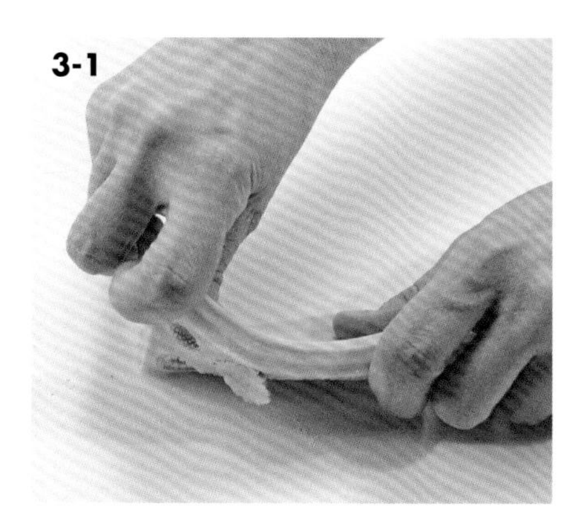

3-2

4

使用硅胶模具

硅胶模具有多种款式，可以制作各种不同的漂亮的装饰。不过硅胶模具很容易堆积尘土，在使用之前要将模具洗干净并晾干。

1 揉好翻糖膏面团，取出一块揉成团，并撒上少许玉米淀粉。

2 将翻糖膏团按入硅胶凹槽内，充分按压。将多余部分用刮刀刮掉，用手指按压模具边缘，确保边缘干净无残留。

3 用两只手按住模具，用大拇指从中间挤出翻糖膏。

4 用饰胶或食用黏合剂将做好的造型粘在饼干上。

小贴士

若硅胶模具的凹槽较深或细节太多，压好的翻糖膏会很难从中取出。此时可以将整个模具放入冰箱静置10~15分钟，待翻糖膏变得硬一些，便于脱膜。

使用糖果模具

糖果模具是硅胶模具的经济型替代品。但是要注意，糖果模具不像硅胶模具那么柔软，使用翻糖膏时有时会比较难取出。

1 揉好翻糖膏面团，取出一块揉成团，并撒上少许玉米淀粉。

2 将翻糖膏团按入模具凹槽内，充分按压，将多余部分用刮刀刮掉。用食指按压翻糖边缘，使其边缘变柔滑。

3 再取一小块翻糖膏粘在模具内的翻糖膏边缘，轻拉这块翻糖膏，将模具里的翻糖膏取出。

小贴士

如果翻糖膏或干佩斯无法取出，可以在模具上喷一些脂糖喷雾，记得用纸巾吸出多余的喷雾。虽然这种方法可以使面团较轻易地被取出，但这样也可能使最终成形的装饰失去一些细节。

4 用饰胶或食用黏合剂将做好的造型粘在饼干上。

1

2

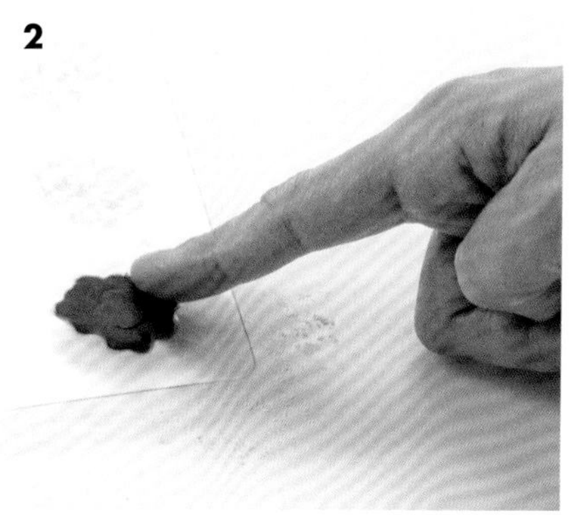

3-1

3-2

4

使用压面机

压面机可以高效地将翻糖膏跟干佩斯压成片状，接下来的章节中会用到薄片状的翻糖。立式压面机是在制作翻糖装饰时非常常用的工具。

1 将翻糖膏擀成6毫米厚的片，将翻糖膏切成小于压面机的宽度。压面机调整至最宽的档位。将翻糖膏放入压面机，转动把手压制翻糖，使其通过压面机。如果翻糖褶皱，压制时就会过厚，此时要将其弄薄重新压制。

2 将档位宽度调得再薄一些，再次压制。

3 继续用比上次更薄一些的档位压制。

1

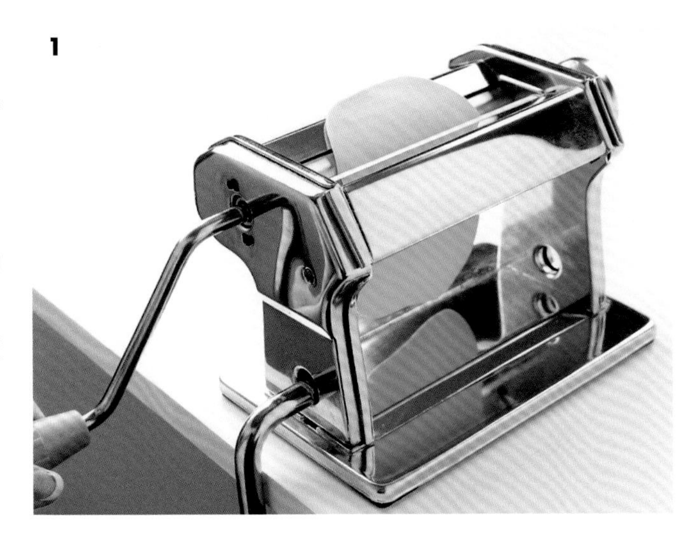

2

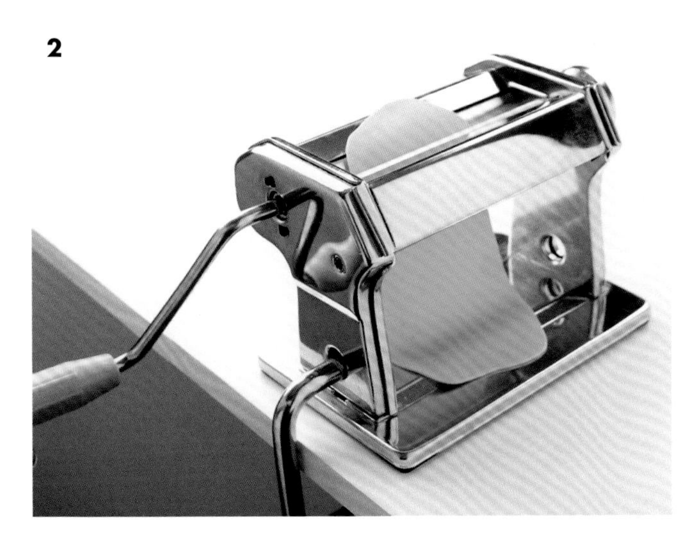

3

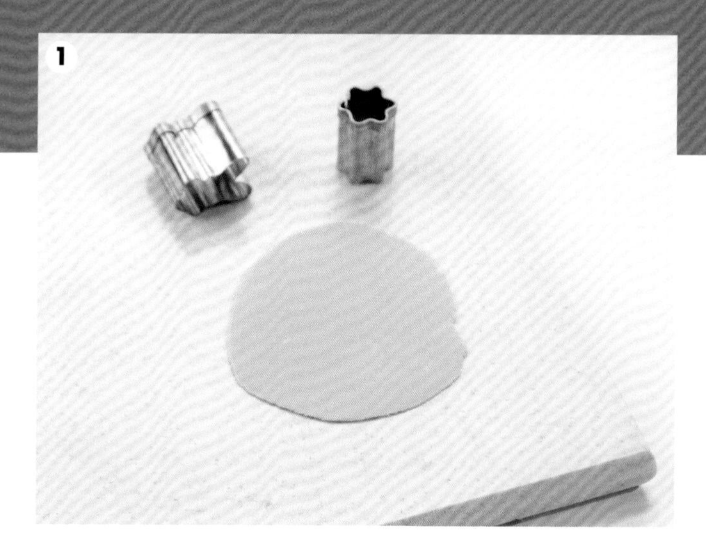

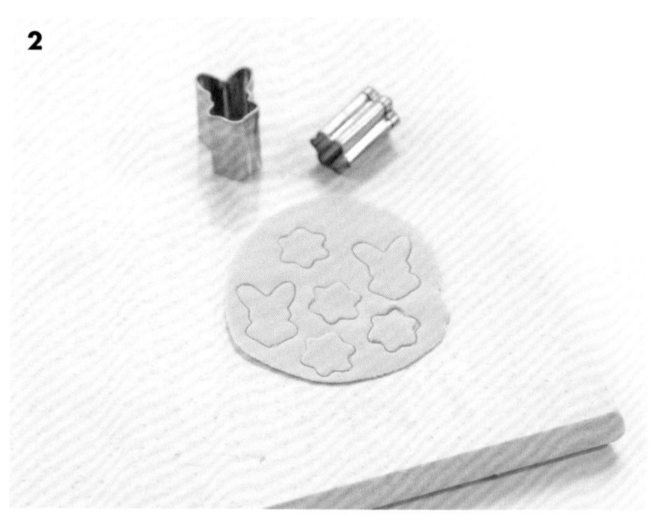

迷你饼干模

用迷你饼干模来装饰饼干。在装饰时，翻糖膏越薄，装饰会越精致、越专业。在开始操作之前，要确保操作台没有其他翻糖碎片、粉末残留。还要检查迷你模具的边缘，最好用布擦拭一遍，以确保干净，无翻糖膏残留。

操作步骤：

1 揉好翻糖膏面团，在操作台上撒上少许玉米淀粉。将翻糖膏用压面机压至0.6毫米厚。你也可以用2毫米厚的准度条代替压面机，但是这样做出的装饰没有使用压面机显得精致。在揉面垫表面抹一层薄薄的植物起酥油，然后将翻糖膏放到揉面垫上。在饼干模上涂少许植物起酥油，注意不要涂得太多，使饼干模边缘留下清晰的油渍。

2 用模具切割翻糖膏。

3 用小抹刀去掉多余的翻糖膏。

4 用抹刀轻轻将切好的装饰移到饼干上。如果在移动的过程中翻糖装饰被拉伸，可以先将其静置几分钟使其形状稳定，再进行装饰。装饰时，用饰胶或者食用黏合剂将做好的造型粘在饼干上。详见本书P104。

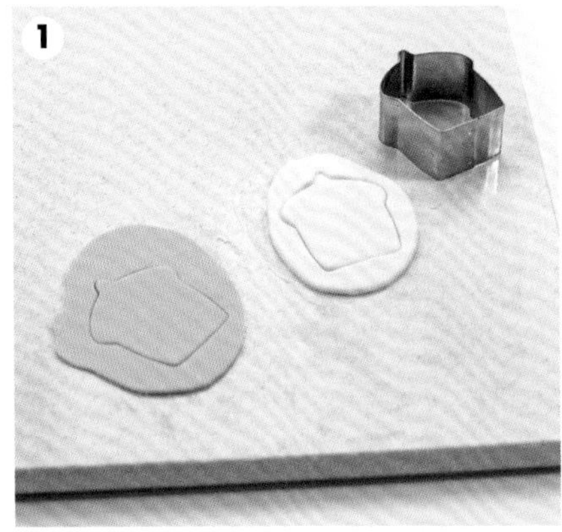

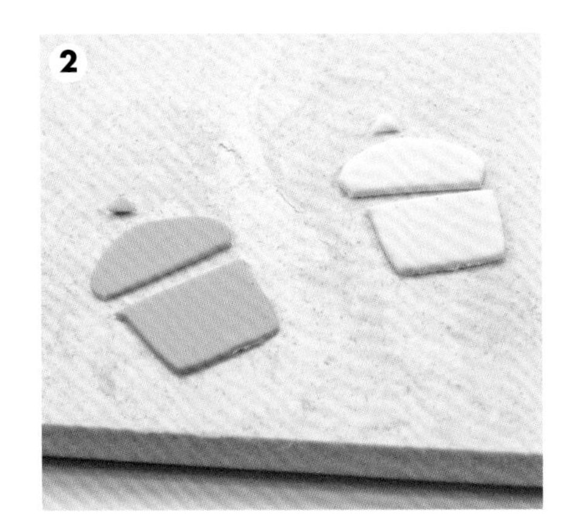

给白色的材料上色

用食用色素马克笔给白色的翻糖装饰添加细节。在加工前，要将切割好的翻糖静置数小时，使其变干变硬。

拼接设计

可以将翻糖装饰分部切割然后撞色拼接。

1 揉好翻糖膏面团，在操作台上撒上少许玉米淀粉。压制两片不同颜色的翻糖膏（用压面机压至0.6毫米厚）。你也可以用2毫米厚的准度条代替压面机，但是这样做出的装饰没有使用压面机显得精致。在揉面垫表面抹一层薄薄的植物起酥油，然后将两片翻糖膏都放到揉面垫上。在饼干模上涂少许植物起酥油，注意不要涂得太多，使饼干模边缘留下清晰的油渍。用相同的模具切割两种颜色的翻糖。

2 用小抹刀去掉多余的翻糖膏。将翻糖切分成多个部分。

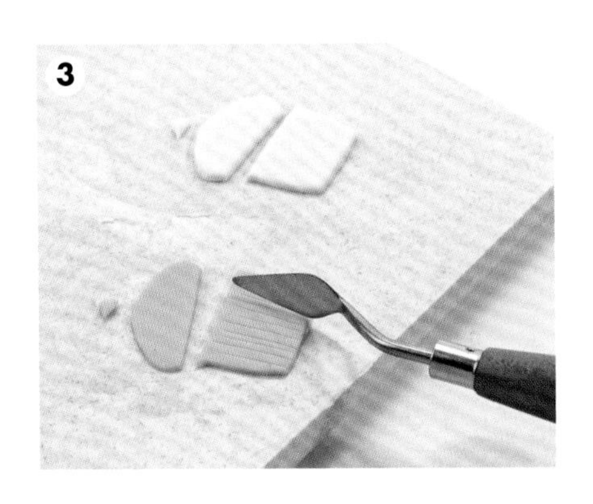

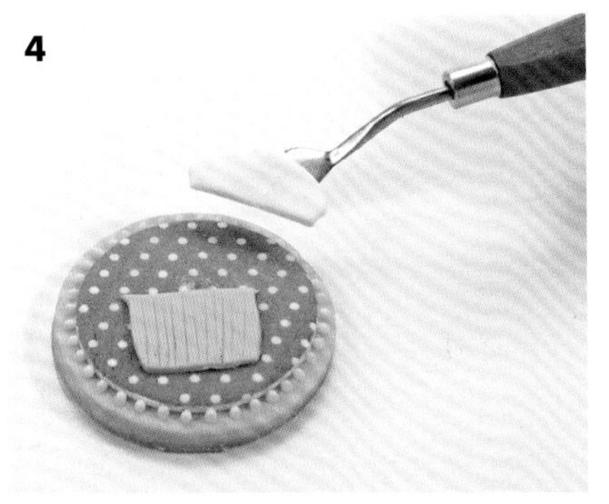

3 如果需要的话，在翻糖上添加花纹。

4 用抹刀轻轻将已切好的装饰放到饼干上。如果在移动的过程中翻糖装饰被拉伸，可以先将其静置几分钟使其形状稳定，再进行装饰。把不同颜色的装饰进行拼接，然后用饰胶粘在饼干表面。

1

2

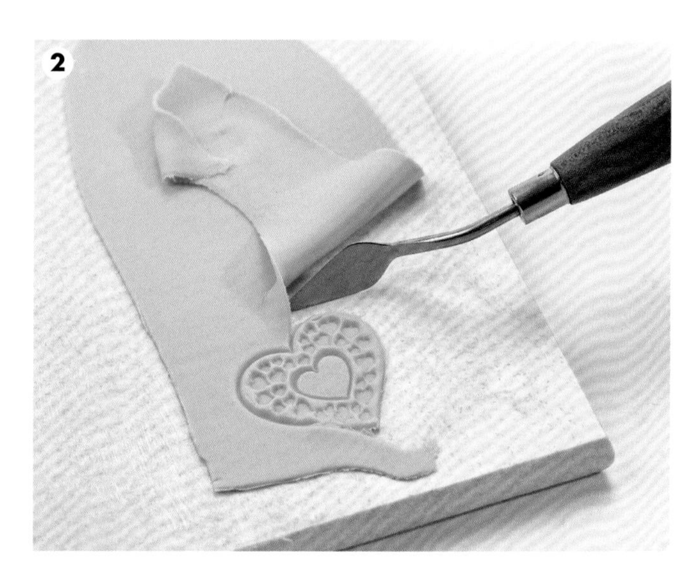

带有浮雕图案的饼干模

有些饼干模带有浮雕图案，在使用之前注意要在模具的所有细节上抹上一层薄薄的起酥油，防止粘连。

1 揉好翻糖膏面团，在操作台上撒上少许玉米淀粉。将翻糖膏用压面机压至0.6毫米厚。你也可以用2毫米厚的准度条代替压面机，但是这样做出的装饰没有使用压面机显得精致。在揉面垫表面抹一层薄薄的植物起酥油，然后将翻糖膏放到揉面垫上。在饼干模上涂少许植物起酥油，注意不要涂得太多，使饼干模边缘留下清晰的油渍。用饼干模切割形状。

2 用小抹刀去掉多余的翻糖膏。

3 用抹刀轻轻将已切好的装饰放到饼干上。如果在移动的过程中翻糖装饰被拉伸，可以先将其静置几分钟使其形状稳定，再进行装饰。

4 用饰胶或者食用黏合剂将做好的造型粘在饼干上。详见本书P104。

3

4

PATCHWORK翻糖压模

Patchwork翻糖压模是产自英国的一个模具品牌，它能够制作出一种嵌花风格的装饰。这种压模轻压时，可以制作出一个整体的形状，而大力按压到底时，则可以制作出能够分部组装的形状。干佩斯是最适合使用Patchwork翻糖压模的材料，不过也可用翻糖膏跟1：1糖衣面团。干佩斯在进行加工前必须揉得很薄，否则饼干装饰好后会吃起来很硬。翻糖膏是最柔软的选择，但要注意，Patchwork翻糖压模对翻糖膏来说有些过厚。

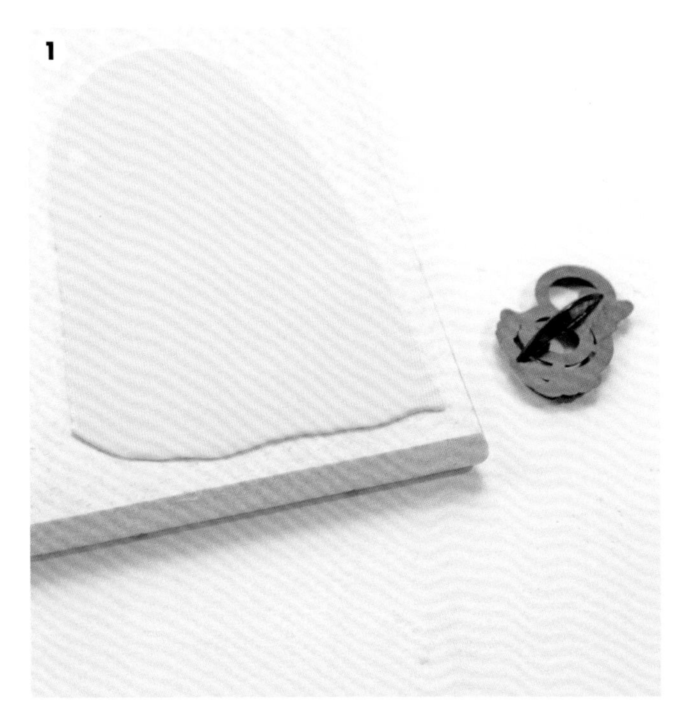

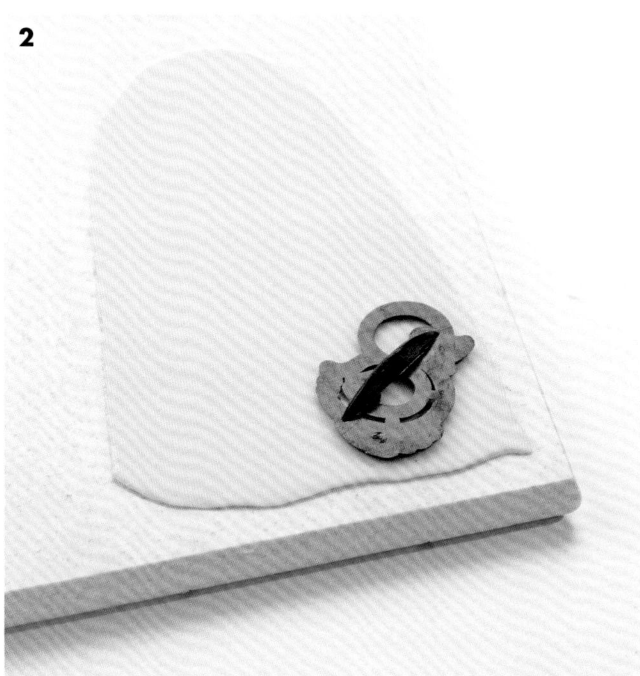

Patchwork翻糖压模使用方法

1 揉好干佩斯面团，在操作台上撒上少许玉米淀粉，将干佩斯尽量压薄。在揉面垫表面抹一层薄薄的植物起酥油，并在饼干模上涂少许植物起酥油，注意不要涂得太多，使饼干模边缘留下清晰的油渍。然后将干佩斯放到揉面垫上。

2 整体轻压Patchwork翻糖压模，制造浮雕图案。然后沿着模具的边缘用力按压，切出外边缘轮廓。

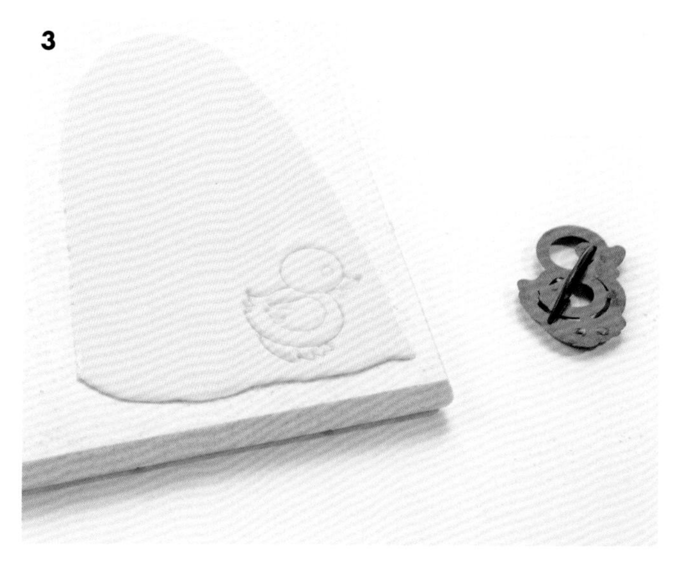

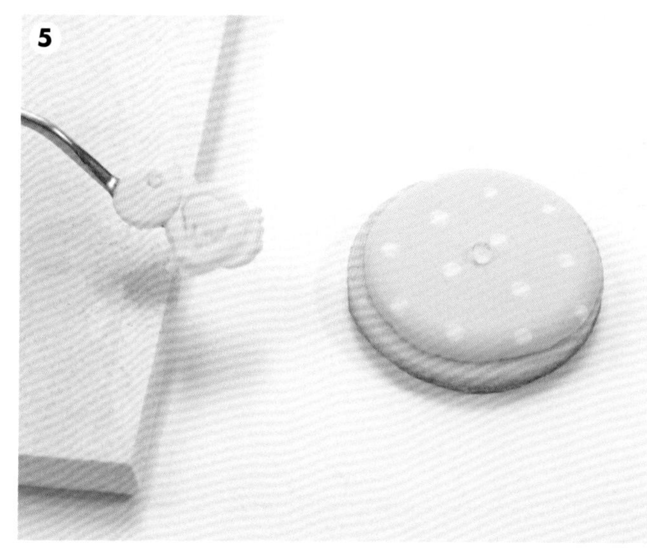

3 移开翻糖压模。

4 用小抹刀去掉多余的干佩斯。

5 用抹刀移开切好的图案。

6 用饰胶将装饰粘在饼干表面。

小贴士

如果最终图案被分成了好几份，说明在按压时用力过大。如果不想要分开的效果，只需沿着模具外边缘用力按压，内部要轻按，制作出浮雕效果即可。

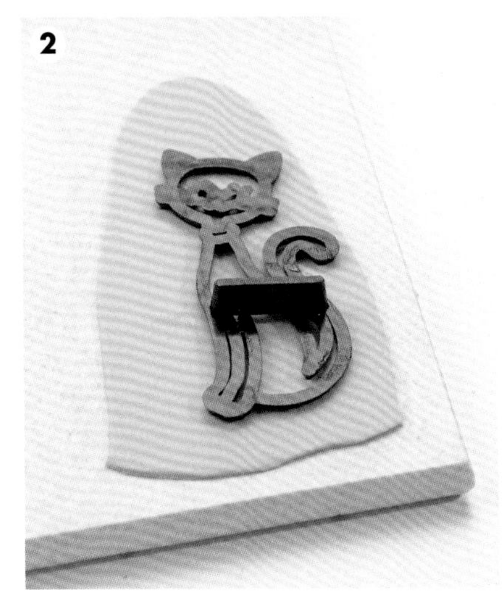

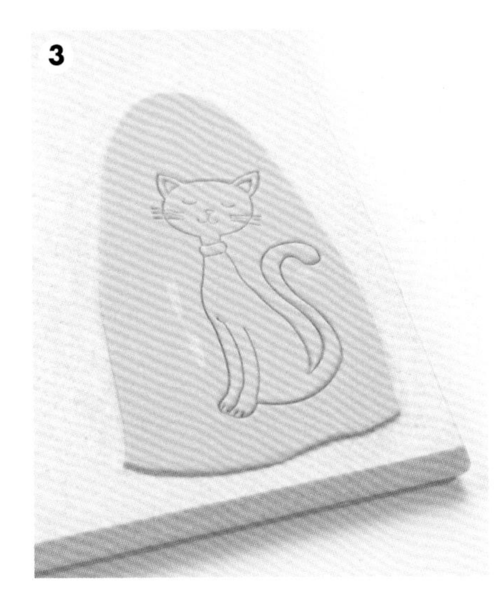

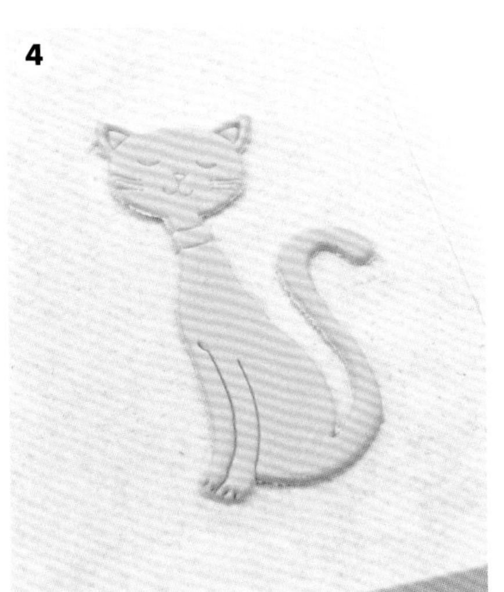

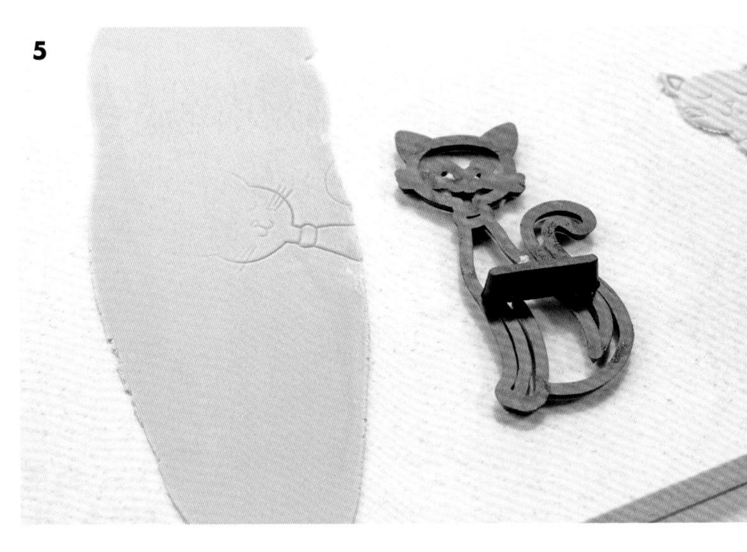

用Patchwork翻糖压模制作嵌花风格装饰

1 揉好干佩斯面团，在操作台上撒上少许玉米淀粉。将干佩斯尽量压薄。在揉面垫表面抹一层薄薄的植物起酥油，并在饼干模上涂少许植物起酥油，注意不要涂得太多，使饼干模边缘留下清晰的油渍。

2 整体轻压Patchwork翻糖压模，制造浮雕图案。然后沿着模具的边缘用力按压，切出外边缘轮廓。

3 移开翻糖压模。

4 用小抹刀去掉多余的干佩斯。

5 在另一块不同颜色的干佩斯上重复步骤1，大力按压，使每个部分分开。在这个例子中，需要用到的部分是猫咪的项圈。

小贴士

可以用针移动小的细节部分。

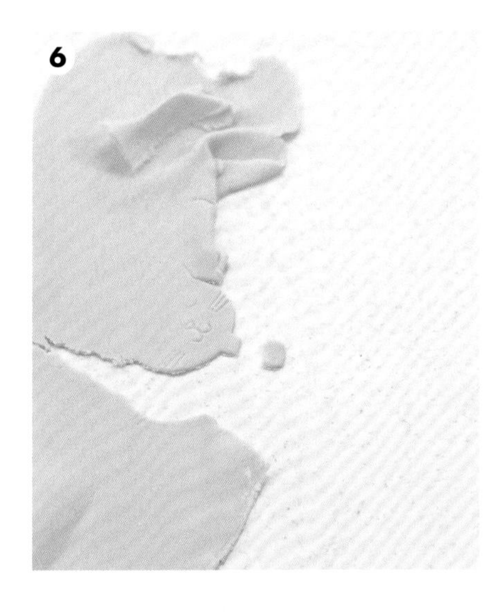

6

7

8-1

8-2

6 用小抹刀去掉多余的干佩斯。

7 将切下来的部分粘到之前图案的对应处。

8 把整体图案装饰到饼干上。

用Patchwork翻糖压模制作出的装饰可以用食用色素马克笔染色。染色前要静置数小时使其干燥。

墨西哥面团

每一款Patchwork翻糖压模都包含一个制作墨西哥面团的配方，其性质和干佩斯类似，所以这两款可以互换使用。

蝴蝶结

以下步骤介绍了如何用5.1厘米（2英寸）的长条制作蝴蝶结，实际操作时，可依据饼干大小调整蝴蝶结宽度。

手作蝴蝶结

1 揉好翻糖膏面团，在操作台上撒上少许玉米淀粉。将翻糖膏尽量压薄。在揉面垫表面抹一层薄薄的植物起酥油，将揉好的翻糖膏放到揉面垫上。切2条1.3厘米×5.1厘米（0.5英寸×2英寸）大小的条状翻糖膏。

1

2

4

6

3

5

7

2 在翻糖长条的末端抹上饰胶，然后从中间对折，在末端捏出褶皱。

3 将处理好的2片翻糖膏放到一起，再切1片0.6厘米×1.3厘米（0.25英寸×0.5英寸）的长条来制作中间的结。

4 在作为结的翻糖背面抹上饰胶，在丝带上制作出结的样子，轻按末端将各部分粘牢。

5 再做2条1.3厘米×5.1厘米（0.5英寸×2英寸）大小的条状翻糖膏，作为蝴蝶结下面的饰带。在一端修剪出装饰。

6 将饰带形状的翻糖用饰胶粘在饼干上。

7 用饰胶将蝴蝶结粘在合适的位置。

用模具制造蝴蝶结

1 揉好翻糖膏面团，在操作台上撒上少许玉米淀粉。将翻糖膏压薄（用压面机压至0.6毫米厚），你也可以用2毫米厚的准度条代替压面机，但是这样做出的装饰没有使用压面机显得精致。在揉面垫表面抹一层薄薄的植物起酥油，然后将两片翻糖膏都放到揉面垫上。在模具上涂少许植物起酥油，注意不要涂得太多，使模具边缘留下清晰的油渍。

2 用蝴蝶结模具切翻糖膏。

3 用小抹刀去掉多余的翻糖膏。

4 将饰带形状的翻糖膏用饰胶粘在饼干上。

5 折叠出蝴蝶结的形状。

6 用饰胶将蝴蝶结粘在合适的位置，再粘上中间的结，最后调整饰带做出造型。

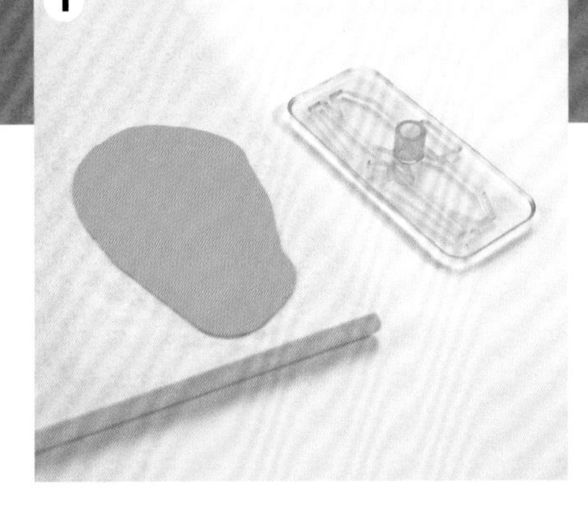

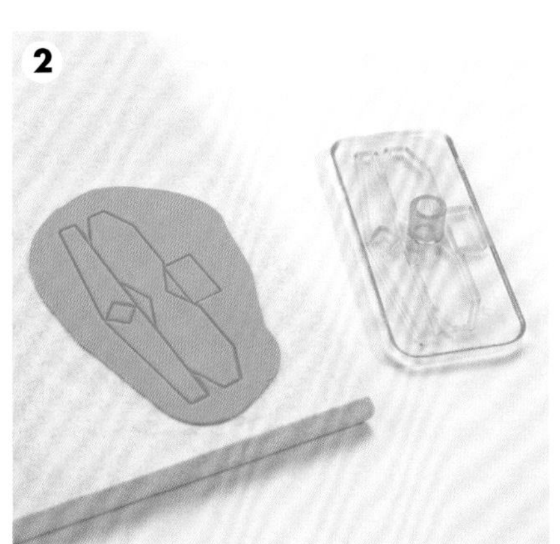

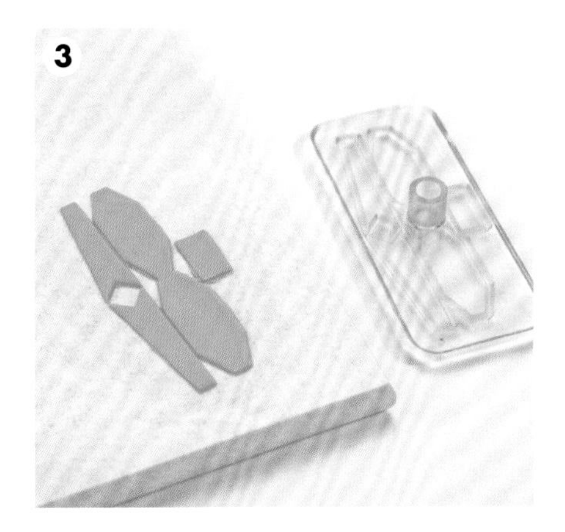

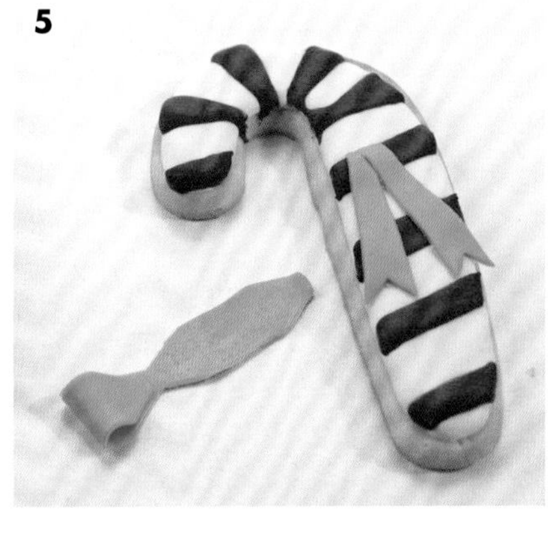

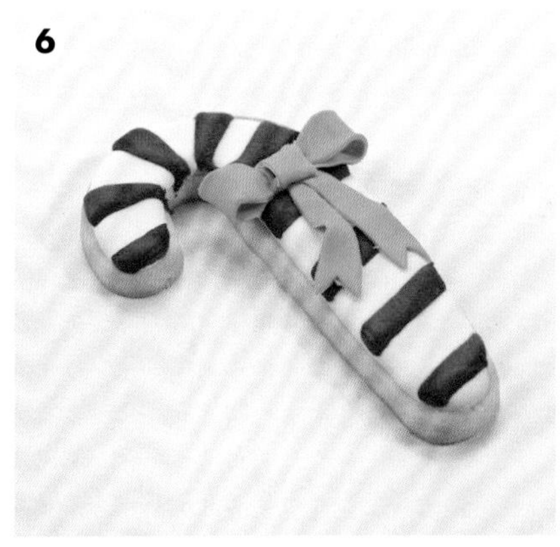

糖果模具和硅胶模具可以最快速有效地制作出装饰用的翻糖蝴蝶结。

制作褶边

褶边花边可以给饼干增添一些女性的柔美。用1：1糖衣面团及特殊的模具即可以制作出褶边。加勒特褶边压模是蛋糕装饰师伊莱恩·加勒特实际制作的一种褶边模具，可以制作出自然的花纹，但这种模具制作出的褶边可用范围有限，相比之下直条形褶边压模应用的范围更广。为了达到最好的效果，建议使用1：1糖衣面团，也可以使用翻糖膏。

1 揉好1：1糖衣面团，在操作台上撒上少许玉米淀粉，将翻糖膏压薄（用压面机压至0.6毫米厚）。

2 用加勒特褶边压模切割1：1糖衣面团，移走中间的环。

3 将环切开，成为条状。

4 将条状的翻糖放到一块海绵上，用一根细棍轻轻按压做出褶边。

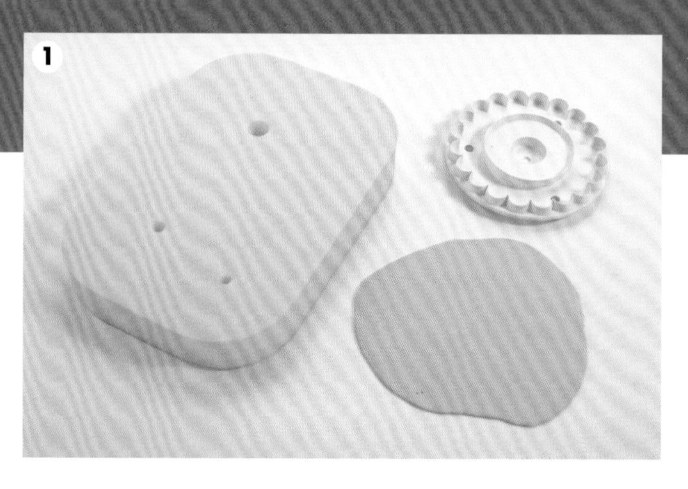

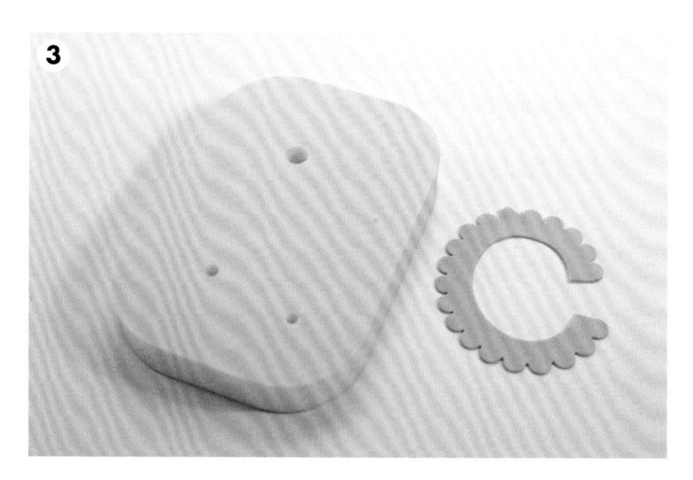

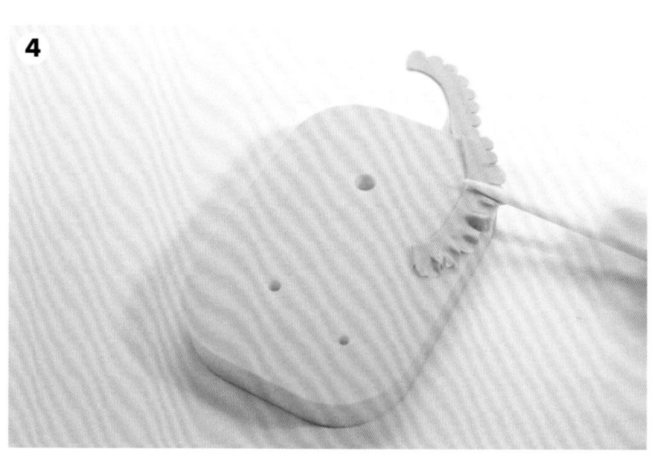

5

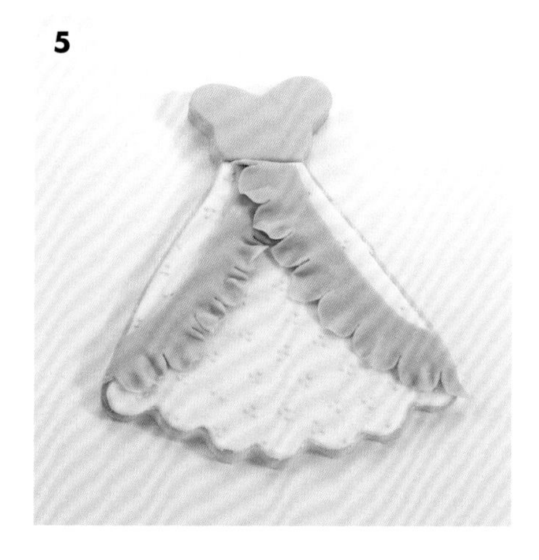

6

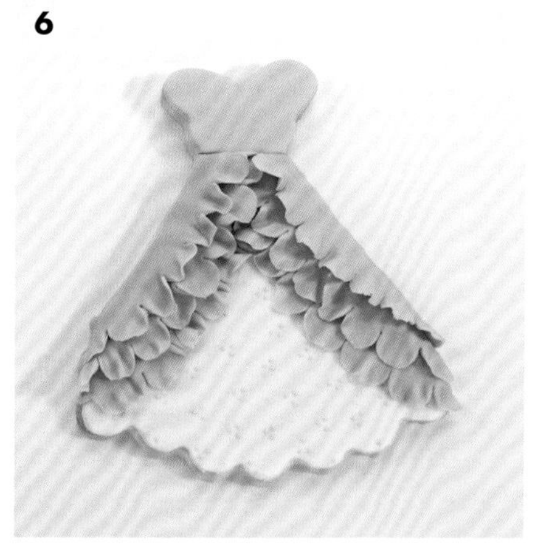

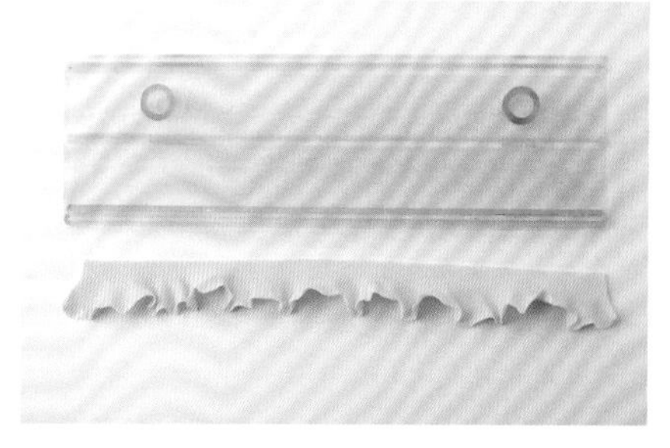

丝带模具是制作褶边的另一种选择，用这种直条形模具是制作褶边的最简单方法。

5 在饼干需要出现褶边的部分抹上饰胶，将做好的褶边粘在饼干上。

6 褶边可以层层叠加，只要粘在下面一层的边缘处即可。

1

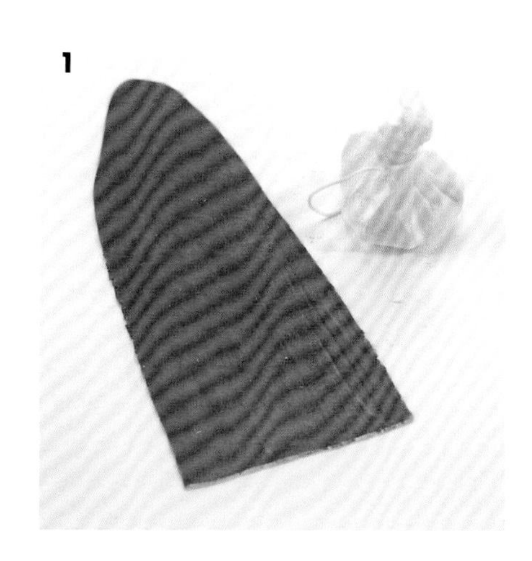

2-1

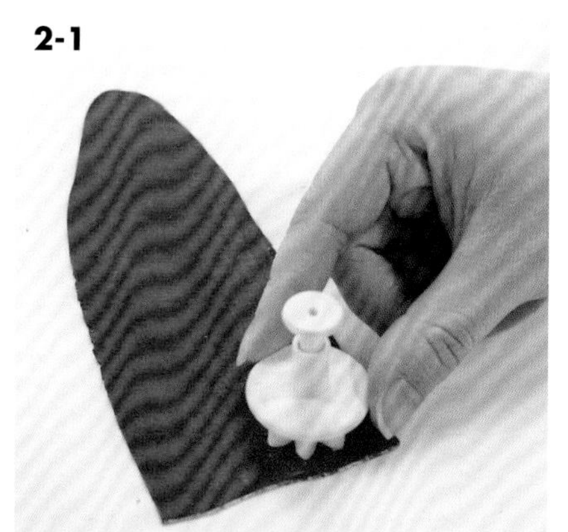

2-2

弹簧模具

弹簧模具是一种干佩斯模具，可以快速制造出花朵等装饰品。用这种模具切割后，可以轻推弹簧得到切好的形状。很多弹簧模具带有细节及纹理，制作出的形状更生动。制作时，要将翻糖膏擀得尽量薄，这样做出的装饰才更加精致。

普通弹簧模具

1 揉好翻糖膏面团，在操作台上撒上少许玉米淀粉。将翻糖膏压薄（用压面机压至0.6毫米厚）。在揉面垫表面撒上一层玉米淀粉，然后将翻糖膏放到揉面垫上。

2 捏住弹簧模具的固定部分，切割翻糖膏。拿起模具，此时翻糖还留在模具中。

3 推动弹簧柄，取出切割的形状。

4 用饰胶将图形直接粘在饼干上，或者用接下来的步骤将花瓣再加工一下。

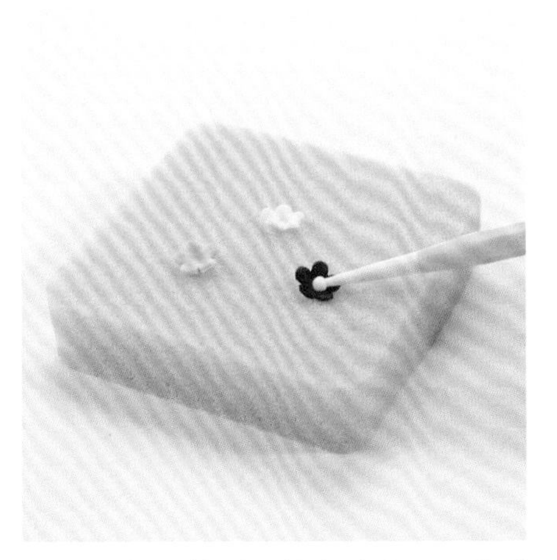

将花朵放到一块海绵上，用圆球状工具将花瓣加工成立体状。

将制作好的花瓣放到特定的格子中，静置变干。

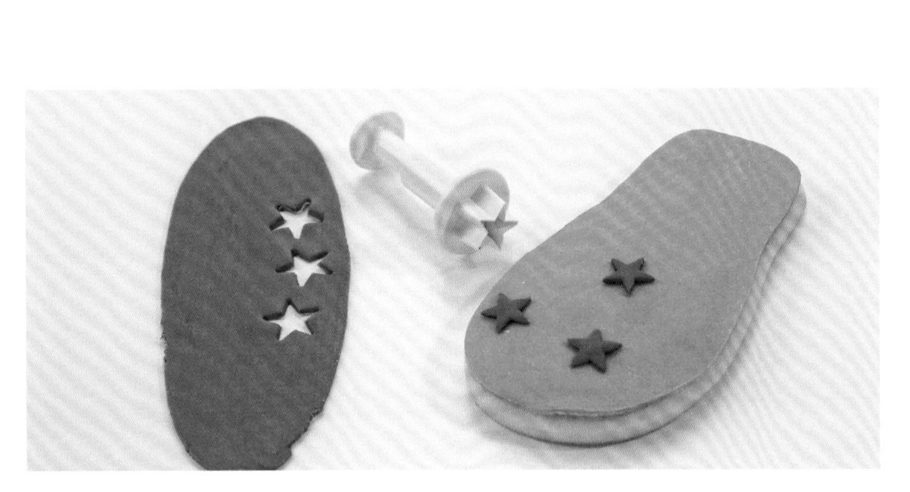

待花朵干燥后，用饰胶将花朵装饰到饼干上。

1

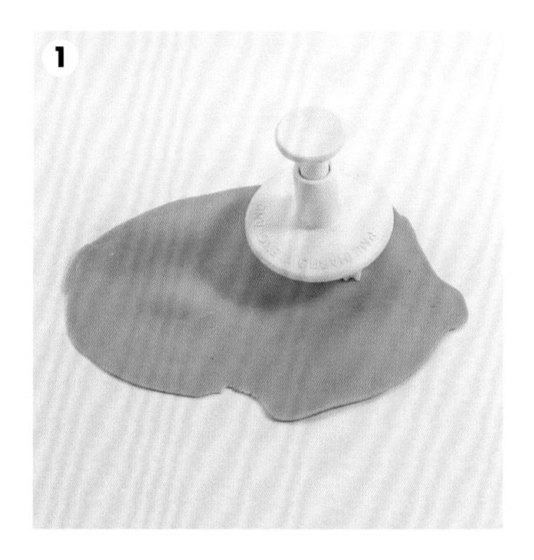

弹簧模具有多种形状，很多可以在制作之后直接用于饼干装饰。

用弹簧模具制作叶脉等细节装饰

1 揉好翻糖膏面团，在操作台上撒上少许玉米淀粉。将翻糖膏压薄（用压面机压至0.6毫米厚）。在揉面垫表面撒上一层玉米淀粉，然后将翻糖放到揉面垫上。捏住弹簧模具的固定部分，切割翻糖。不要按动弹簧柄。

2

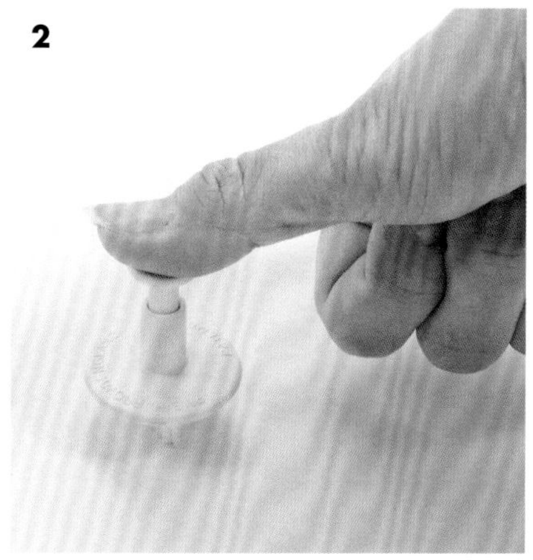

3-1

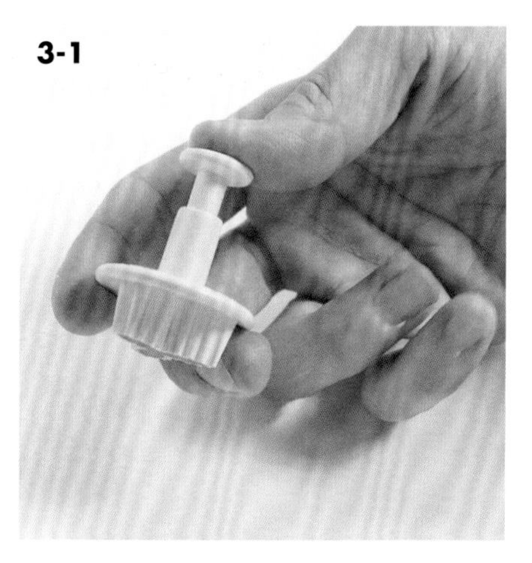

2 拿起模具，此时翻糖还留在模具中，用拇指拂过模具边缘，确保翻糖边缘平滑。将模具放回操作台上，按动弹簧柄，在翻糖上压出叶脉纹路。

3 拿起模具，按动手柄，将翻糖从模具中压出。

3-2

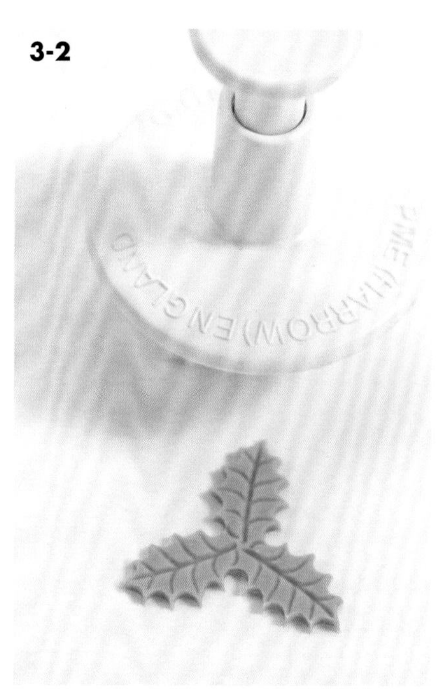

4

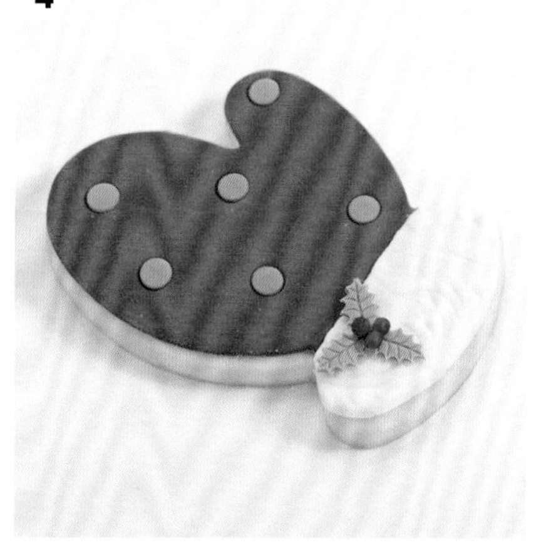

4 用饰胶将装饰粘在饼干上。

小贴士

若切割好的形状粘在揉面垫上，可用一个薄刀片从底部铲起。

包装饼干

饼干装饰好后，需要包装好以保持风味。装入袋子之前，需将饼干静止一段时间使其表面装饰干燥变硬。若在糖衣依然湿润的状态下就装袋保存，容易破坏已做好的装饰。流质糖霜糖衣需要在做好后静置至少24小时后再进行包装。用翻糖膏或奶油糖霜装饰的饼干要在表皮变硬后再包装，但也要注意，此时饼干易碎，要特别小心。巧克力糖霜糖衣饼干跟上过蛋液釉的饼干则只需在制作完成后1～2个小时包装即可。

用食品袋包装饼干

独立包装食品袋是饼干包装的经济选择，也可以清楚地展示饼干的全貌，可以在包装上用丝带装饰一个蝴蝶结。若只装一片饼干，选择平式的袋子。要注意，由于食品袋通透性很好，包装时要把袋子的接缝处放在饼干背面，以保持美观。

用漂亮的卡片纸加丝带蝴蝶结做成一个装饰，用双面胶粘在食品袋开口处。

将卡片纸放在袋子里，可以给饼干加上一个展示的背景。选一个精细的素色花纹，这样背景不会显得喧宾夺主。记得要在送给别人之前再包装，不然时间长了饼干中的黄油可能会渗出沾到背景卡上，留下明显的油渍。

一叠相同形状的饼干用食品袋包装看起来也很美观，但饼干在堆叠包装时，要注意其糖衣必须是不易变形的种类，如图中的带孔翻糖饼干。

其他包装方式

一个糖果盒给图中用奶油糖霜装饰的圣诞树饼干提供了一个很好的保护。这种糖果盒需要是用食品级材料制作的，如果不是食品级材料，则要在食物下面垫食品用纸巾，将其与盒子隔开。

饼干锡铁盒是送礼物的经典包装。要确认锡铁盒是食品级的，如果不是，则要在食物下面垫食品用纸巾，将其与盒子隔开。

选择容器时也要考虑美观性，图中饼干上的花纹就与容器上的花纹一致，形成互相呼应的效果。

透明饼干罐也是展示饼干的很好的选择，要注意，用这种方式包装的饼干其糖衣必须是不易变形的种类。

装饰饼干的运输

如果需将饼干送给住在远方的人，就需将饼干运输赠送。在这种情况下，要选择形状简单的饼干，如果形状太复杂会容易破损。有些糖衣比较适合运输，如完全干了的巧克力糖衣，但在炎热的天气下，巧克力糖衣可能会化掉，反而给收件人带来麻烦。蛋液釉装饰的饼干是一个不错的选择。关于更多饼干运输的内容，请参照本书P47的介绍。运输用的饼干要放在一个密封的容器中，可以最大限度的保持饼干的风味并避免生虫，可以选择饼干罐或其他食品储存容器。饼干在运输中时常会遇到蚂蚁等不速之客，也容易变质，所以最好选择较快速的运输方式。

1 将饼干紧紧码在容器中，注意不要有饼干重叠。可以在缝隙处塞食用油纸团，避免运输时同层饼干互相冲撞。纸团的高度要跟饼干高度大致相等，可以轻轻晃动包装好的容器，检测饼干会不会移动。

2 重复步骤1，码第二层饼干，如有需要，按照这一步骤逐层叠加。

3 在最后一层饼干的上面放置一张食用油纸，如果还有剩余空间，用油纸团进行填充。

4 给容器盖上盖子，轻轻晃动，确保没有听见或感觉到饼干在容器中移动。在纸箱底部加一层报纸团或减震材料，再将装有饼干的容器放进去，用报纸或减震材料在周围填满纸箱，紧紧固定住装有饼干的容器。

5 在容器上层再加一层减震材料，然后用胶带将纸箱缠紧封好。最好在纸箱外写明“易碎”，向运输者表明内容物易碎，需小心运输。

饼干花束

饼干花束是在一个容器中一个个地展示饼干，便于大家单独取用品尝。可以将一片饼干在“花瓶”中单独展示，也可以将很多饼干放在一个大容器中形成一个整体的造型。制作饼干时依照本书22页所示。记得要把饼干粘牢，否则饼干会掉下来摔碎，可以在背面多粘一块翻糖膏来固定。饼干展示前一定要确保糖衣已经足够坚固。连接饼干的木棒在容器中是用泡沫塑料或糖制黏土固定的。糖制黏土比泡沫塑料要容易很多，因为泡沫塑料被插孔之后是不可逆的，而糖制黏土被插孔之后可以通过挤压封住孔洞。糖制黏土也能够给容器增加重量。若使用泡沫塑料，要选用细颗粒的种类，但颗粒不要小于2毫米，过小的颗粒坚固度不够，孔洞易变大。

选择合适的容器

选择合适的容器非常重要，我经常在装饰饼干之前就决定好想要的容器，使其花纹与饼干的颜色、设计相配。

小花盆在很多手工商店中都能买到，是装饰饼干常用的容器。

在透明玻璃容器中装满糖果，可以给饼干带来色彩斑斓的装饰效果。首先在玻璃容器的中间放置一块圆柱状的糖制黏土，在黏土周围及杯壁间留下足够的空隙，放置糖果。

将糖果撒入玻璃杯中，填满缝隙。

将饼干插入黏土上，然后撒入更多糖果盖住黏土。

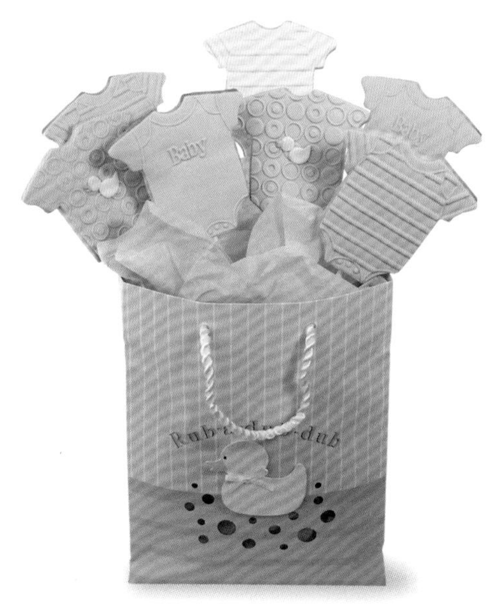

礼品袋是装饰饼干花束的一个经济型选择。但由于礼品袋实在是太轻了，为了防止倾倒，固定的时候要选择糖制黏土，不要用塑料泡沫。

很多上开口的中空容器都可以用来做饼干花束的容器，图中展示的是一个花园栅栏状的容器。

糖制黏土

糖制黏土（candy clay）是由融化的巧克力和玉米糖浆混合制成的，这种混合物有不错的风味，看起来也非常接近黏土，是做饼干花束填充固定物的完美选择。它可以给容器增加一些重量，也给整体增加一些趣味。450克的糖制黏土大约可以用来装饰两三个127厘米高的容器，或者六七个76厘米高的容器。糖制黏土的一个缺点是，一旦它在容器中定形，会变得比较坚硬，很难再移除，可能需要勺子之类的工具辅助才能将它从容器中清理出来。糖制黏土的另一缺点是，如果饼干花束被放在温暖的环境中，或者被太阳直射，黏土有些像巧克力。如果使用的容器不是食品级的，要先在容器中放一个塑料袋，再将黏土放进去。

糖制黏土配方

- 450克巧克力
- 160毫升玉米糖浆

在料理台上放一段约60厘米长的保鲜膜。将巧克力融化至变软，加入玉米糖浆搅拌，混合物将很快变浓稠。继续搅动，直到玉米糖浆完全混合均匀。将混合物倒到保鲜膜中央，紧紧地包起来，静置使其变硬，使用糖制黏土前可以揉捏使其变软。

制作饼干花束

带杆的饼干烘烤完并装饰好后，就可以开始制作饼干花束了。带杆饼干的制作步骤，参照本书22页。饼干上的小棍一般都是相同的长度，为了更好地做出造型，可以选一些做适当修剪。一般来说，做一个整体造型时，饼干数量为单数时比双数看起来更加协调。但是，如果饼干棍的长短不一，双数饼干也是个不错的选择。

1 依照本书22页的方法，制作带杆的饼干，并装饰成你想要的样子。如果容器不是食品级的，要先放入一块保鲜膜。用糖制黏土装到容器的大约3/4处，或者切割一块适宜大小的泡沫塑料来填充容器。修剪保鲜膜以适应容器的大小，使整体更加美观。

1

2

3

2 首先将最长的一根饼干插入容器。插入的时候抓住饼干杆的下端，慢慢向容器中按，插到容器的底部。不要拿着饼干或者装饰的部分，以免用力过大弄碎饼干。

3 剩余的饼干，根据杆的长度，由长到短、从后到前一排排的插好。

4 最后用保鲜膜盖住糖制黏土或者泡沫塑料，在表面撒一层糖珠。

4

图案集

如果你对下面的图案感兴趣，想参考如何制作，请登录网站http://www.creativeoub.com/pages/cookiedecorating或者www.cookiedecorating.com

大象和宝宝衣服饼干：翻糖装饰（P100）和食用糖霜纸装饰（P146）

鸭子花束饼干：奶油糖霜（P82）和饼干花束（P176）

泰迪熊饼干：流质糖霜（P64）和絮状效果（P138）

粉白色婚礼饼干：翻糖装饰（P100），蛋白糖霜细节装饰（P74）和翻糖细节装饰（P152）

花边装饰婚礼饼干：流质糖霜（P64），蛋白糖霜细节装饰（P74）和小刷子装饰（P142）

蝴蝶花束饼干：翻糖装饰（P100），蛋白糖霜细节装饰（P74）和饼干花束（P176）

圆形打孔饼干：翻糖装饰（P100），打孔装饰（P136）和蛋白糖霜细节装饰（P74）

刷子效果粉色花朵饼干：流质糖霜（P64），蛋白糖霜细节装饰（P74）和小刷子装饰（P142）

公主风格饼干：流质糖霜（P64）和闪粉装饰（P130）

巧克力糖衣装饰花朵饼干：巧克力糖衣（P114）和翻糖细节装饰（P152）

海滩风格饼干：翻糖装饰（P100），蛋白糖霜细节装饰（P74）和翻糖细节装饰（P152）

杯子蛋糕饼干：翻糖装饰（P100），蛋白糖霜细节装饰（P74）和翻糖细节装饰（P152）

刷子效果花朵饼干：翻糖装饰（P100），蛋白糖霜细节装饰（P74）和小刷子装饰（P142）

农场动物饼干：饼干切模（P23），流质糖霜（P64）和蛋白糖霜（P60）

花朵饼干：在饼干上作画（P78）和饼干花束（P176）

复古花朵饼干：奶油糖霜（P82），食用糖霜纸装饰（P146）和蛋白糖霜细节装饰（P74）

笼中鸟饼干： 翻糖装饰（P100），食用糖霜纸装饰（P146）和饼干花束（P176）

植绒玫瑰跟叶子： 流质糖霜（P64）和絮状效果（P138）

情人节饼干： 翻糖装饰（P100），蛋白糖霜细节装饰（P74），食用糖霜纸装饰（P146）和翻糖细节装饰（P152）

兔子饼干： 翻糖装饰（P64）和食用糖霜纸装饰（P146）

复活节彩蛋饼干：翻糖装饰（P100），蛋白糖霜细节装饰（P74），小刷子装饰（P142）和翻糖细节装饰（P152）

秋天树叶饼干：流质糖霜（P64）和蛋白糖霜细节装饰（P74）

拓印万圣节饼干：流质糖霜（P64），翻糖装饰（P100）和镂空筛网（P144）

带闪粉万圣节饼干：流质糖霜（P64），闪粉装饰（P130）和蛋白糖霜细节装饰（P74）

冬日世界饼干：翻糖装饰（P100）和翻糖细节装饰（P152）

刷子效果冬日树木饼干：流质糖霜（P64），小刷子装饰（P142）和翻糖细节装饰（P152）

圣诞节面孔饼干：翻糖装饰（P100）和翻糖细节装饰（P152）

巧克力糖衣装饰的圣诞树和礼物饼干：巧克力糖衣（P114）和闪粉装饰（P130）

圣诞节糖果饼干：翻糖装饰（P100），翻糖细节装饰（P152）和絮状效果（P138）

圣诞节杯子蛋糕饼干：奶油糖霜（P82）和食用糖霜纸装饰（P146）

圣诞节风格打孔饼干：翻糖装饰（P100），打孔装饰（P136）和蛋白糖霜细节装饰（P74）

致谢

谢谢我的编辑琳达·纽鲍尔（Linda Neubauer）及其他的CPI员工们，有你们的帮助我才能出版第二本图书。

感谢丹·布兰德（Dan Brand）拍摄了所有的成品图片，他的照片都非常棒。特别感谢我的妈妈韦·惠灵顿（Vi Whittington），她无私地提供给我一切我需要的帮助。

最重要的，谢谢我的家人付出耐心，支持我在这条永不会停歇的道路上继续前进。

作者简介

很小的时候，奥特姆·卡朋特（Autumn Carpenter）就表现出了对饼干装饰的浓厚兴趣。孩提时期，奥特姆在她的奶奶——名人堂糖艺艺术家米尔德里德·布兰德（Mildred Brand）的照顾下长大。之后，她的妈妈韦·惠灵顿（Vi Whittington）经营了蛋糕和糖果连锁店。她的奶奶提供配方，母亲将其制成成品。兴趣是最好的老师，在奶奶与妈妈的耳濡目染之下，奥特姆对饼干装饰产生了极大的热情，并逐渐成长起来。

奥特姆·卡朋特经常在全国各地举办展览，也是一名蛋糕装饰大赛的评委。她加入国际蛋糕发现协会（International Cake Exploration Society）长达20年，是一名老师和演示员。

奥特姆还是连锁甜品店Country Kitchen SweetArt的合伙人。Country Kitchen SweetArt是奥特姆的家族企业，有45年的历史，业务有零售、大宗采购及线上销售www.shopcountrykitchen.com。

奥特姆创立了自己独有的用于蛋糕和饼干装饰的工具，她的蛋糕和各种产品也经常会在《美国蛋糕装饰》（*American Cake Decorating*）和《蛋糕中心》（*Cake Central*）等杂志、出版物上出现。她的产品在美国许多在线和实体店铺都可以购买到，其他国家也有贩售。她也是The Complete Photo Guide to Cake Decorating的作者，Autumn Carpenter的个人网站是www.autumncarpenter.com和www.cookiedecorating.com。

索引